走進日本人的家，學做道地**家常菜**

郭靜黛
Joyce
著

Joyce老師82道暖心媽媽味，讓你一次搞懂關東、關西、中部的料理與文化。

自序

2013 年 9 月，當我踏進東京羽田機場大廳時，腳步有點沉重，也許是行李太重，又或者，是情緒太複雜，思緒一重又一重地向我襲來，有期許、也有忐忑，有盼望、也有不安；將進入藍帶廚藝學校的密集研修一定不輕鬆，我深深了解，也知道這將考驗我健康不佳的身體與微薄的體力，選擇東京研修，有許多因素，然而，對我來說，最大的誘因是，我相信，東京生活一定可以「順便」深入研習我喜愛的日式家常菜，住在東京，也可烹調一直以來想用的日本當地當季食材。

出發前，完全無法想像，我將有什麼機會？遇到什麼樣的人？在藍帶的研修愈趨緊湊，到了中級後期開始，心裡雖然惦記這件事（那時只有兩次機會進入日本媽媽的廚房學習家常菜，

其一為本書中的松浦媽媽），卻再也無力思慮這件「順便」想做的事，當時，覺得自己的心理與身體狀況可以順利到畢業就好；拿到畢業證書的隔天，我放任自己賴床，然後找出前天才拿到的一張名片，說好要寄一封電郵留下我的聯絡資料，友人收到後，問我一起餐敘，朋友聽了我的心願，幫我聯絡她認識的 Chef；幾乎與此同時，在名古屋的好友也稍來訊息，替她母親問我到名古屋一起過年，另外，我回覆了在東京為台灣媽媽授課的訊息，這些，在畢業後的三天內接連發生，當時，完全沒想到，因為這些聯繫，自己將展開一段奇妙的旅程。

這些機緣，使我得以進入日本家庭的廚房，開啟與人的對話、聆聽食物素材告訴我的故事，拿菜刀實作、以舌頭品嚐、用心記憶每一道屬於日本母

親傳承的家庭味；能開啟這一段神奇旅行，有的緣於十幾年的情份，有的單純出於友誼，有的因為看重我身為料理老師的角色，我特別感恩這些看重我的人，在我追求料理路上的精進，試著看透料理風景時，每個人都為我付出了一些，因為他們的信任，充實了我在日本的料理生活，因為他們的付出，我所得到的不只是料理的深刻輪廓，更為我踽踽獨行的日本生活中，憑添篤定的滋味、恬淡中的濃潤。

京都料理家，智子老師的法國 Chef 曾分享予她的飲食哲學，她也分享給我，「『吃』是文化，『料理』是藝術，『味道』則是修養。」讀完本書，進入廚房實作，細細品味口中的微妙與纖緻，食物渲染出的豐富也許能讓您明白這幾句話的真義。

謝謝這一程旅途中為我付出的所有人，這些學習的片段，加厚食材的深度、增添料理的韻味，攏絡的炊煙中多了許多人情的濃郁。

Joyce

目次

目次

料理文化－關東 V.S. 關西

日本料理以菜餚成色、味道、調味與文化背景來看，概分關東與關西；關東地方指的是日本最大島本州的中部靠近東北，以東京都為主與鄰近的六個縣；關西地方，也稱為近畿地方，位於本州的中西部，以京都府、大阪府與鄰近五縣的區域為關西地方。

日本料理大致分為這兩個地方，主要的原因是因為高湯的不同，而高湯及地理關係連帶影響所使用的調味料，如醬油。

高湯是為了配合食物或食材所產生的，日本的家庭料理自古即以魚為主食，關東地區常見的魚來自北方洄游的鰹魚，為了配合紅肉的鰹魚，使得關東地區的料理調味較為濃厚。關西的餐桌上常見的則是屬於白肉魚的鯛魚，因此調味趨於清淡。為了配合紅肉魚或白肉魚，在高湯上出現濃厚或清淡兩種不同的概分法。另外，也因

為昆布的使用與否造成兩地的高湯風味不同，關東地區以柴魚高湯為主，而關西則以昆布高湯為代表，或者是昆布加柴魚的高湯，這是因為關西地方於江戶時代[1]因大阪港口的關係，能買到北海道所產的昆布。

昆布除了影響基本的高湯料理文化，也因為昆布而生產了顏色較淡、於製作時加了酒、發酵期較短的淡口醬油。濃口醬油主要於關東一帶或東北地方生產，是關東最常見、也是日常使用的醬油，濃口醬油的香氣與色澤都較淡口醬油強烈，對應到柴魚高湯或以紅肉魚為主的關東料理，而產生不同於關西料理的味道；反觀關西，因為淡口醬油的成色與香氣並不強烈，對講究食材原味的關西料理來說，淡口醬油不只因產地製造、更因其清淡的

---

[1]
江戶時代為西元 1603~1867 年，又稱德川時代。

特色而在關西地區廣受喜愛。關於關東與關西的料理文化，日本有一句話是這樣說的：「關東是醬油文化，關西是高湯文化。」

從文化及歷史因素觀察，江戶時期的東京，幕府時代開啟，為幕府將軍及多數武士所居住，人體運動量大的生理機能因素，在料理上，喜愛放較多的鹽巴或醬油，因生理機能、食材、濃口醬油的關係而使料理味道鹹重、風味濃厚成為關東的傳統與習慣。當時關西的京都多為貴族居住，養尊處優加上運動量少，所以料理清淡、並且喜歡軟嫩口感的食物，也因貴族在料理上除了美味也追求極致美感，故關西料理均注重菜餚的美觀與顏色，在這樣的影響下，高湯與淡口醬油更成為主流。日本的考古研究發現，江戶時期的京都貴族，臉部顎關節至下巴都較為細長，顯示關西當時的飲食文化是「吃軟不吃硬」。自江戶時期

因地理關係、食材取得、社會文化所影響的飲食習慣沿襲至今，造成日本的飲食及其飲食文化分為東西兩大派。

由以上各點觀察，兩地的料理最大的不同是基礎調味，一是醬油，一是高湯。以此點所產生最大眾化的平民料理來看，東京地區的醬油拉麵，旅人請不要錯過，而到了大阪，以高湯為主體的烏龍湯麵可一定要嚐嚐，不過，現今因交通方便而打破地理上的距離，在大城市內，都可品嚐到日本各地料理。在我向這些日本當地的媽媽或料理家學習家常料理的時候，也能深刻感受到關東和關西地區在調味上的不同，即使是烹調方式一樣的料理，因為調味方式的差異，而有相去甚遠的味覺體驗。

主菜擺中間

米飯在左

熱湯在右

定食的擺放位置

日式家常料理經常以套餐形式上菜，家中有幾口人，就以幾套上菜。在套餐餐具的擺設中，米飯在左，熱湯在右，筷子則放在中間靠近用餐者的正前方，筷架在左，使筷子尖端朝左邊橫向擺放。

至於主菜通常擺在正中間的位置，其它副菜的位置則比較隨意。在本書的照片中，套餐料理因攝影畫面構圖或角度取景之故，沒有依循上述的規則擺放。

料理之前

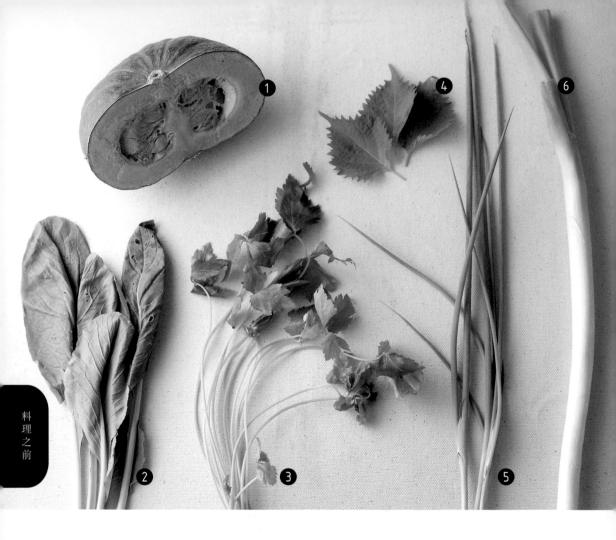

日式料理常見的蔬菜

1 日本種栗南瓜·くりなんきん

栗南瓜因其品嚐時有栗子的香氣而得名,外皮為深綠色,內在的果肉呈鮮亮的土黃色,日本料理中的南瓜通常連皮一起入菜,只要把表皮粗硬蒂結的部分削除即可。如果把栗南瓜烹煮地恰如其分,也就是把它們燒得既鬆綿又酥糯,那麼一入口就更像吃著栗子了。

2 小松菜·コマツナ

住東京或旅居日本其它地方時,發現日本的葉菜種類與台灣相比,真是少得可憐。小松菜在日本是常見的蔬菜,最早是在日本東京都附近的小松川栽種的,因而得名。小松菜是日本料理中大量使用的葉菜類蔬菜,現今台灣也有種植,很容易在超市購買到。早期,小松菜多為關東地區食

用，關西地區則喜用大阪白菜、菠菜
等，後來交通發達，因小松菜栽種容
易，加上料理成色比大阪白菜漂亮，
故現今在關西地區也非常普遍。

3 三葉草·ミツバ

三葉草即為鴨兒芹，也就是山芹菜，
屬於香味蔬菜，角色如台菜料理中的
香菜。如果說台灣香菜的香味是野性
而奔放，那麼鴨兒芹的香味則是細緻
而雋雅，為料理帶來一縷清香，不搶
其主味卻又保有自身的優雅韻味，為
清淡的日式料理中的最佳配角。

4 紫蘇葉·青じそ 大葉

紫蘇葉也是日式料理中的香味蔬菜，
在日式料理中經常見到它的存在，紫
蘇香氣清新爽致，是開胃的最佳配
方。雖然在日本的每個超市一定都買
得到，但在台灣只有日系超市才有，
因為進口台灣的青紫蘇葉價格太高，
我所種植的香草盆栽中也經常有一盆
青紫蘇葉，當做料理的備用。如在花
市購買，請選綠色而非紫色的青紫蘇
盆栽。

5 日本小蔥·ネギ

乍看之下，日本小蔥很像長得營養不
良的台灣青蔥，通體細小，也只有台
灣青蔥一半長度，雖有蔥味卻極淡，
小蔥的使用通常為藥味盤[2]中的各種
藥味之一，最常見於湯品的搭配、與
肉類搭配可除腥味或當成沙拉涼拌，
日本人極喜愛的蔥味噌即以小蔥製
作。

6 日本大蔥·白ネギ

日本人吃大蔥很少生吃，它常常被當
做蔬菜的其中一種來烹煮，大蔥耐
煮，烹調後甜味鮮明。有時大蔥當成
配角，但一入口，它可也與主角平起
平坐，可見大蔥的存在感。去年過農
曆年時，我驚喜地在台灣傳統市場發
現大蔥，老闆娘說只有過年前後才會
出貨，一直到春天三、四月，我依然
可在進口超市發現台灣種植的大蔥，
如果不是盛產的季節，則可在日系超
市購得。在日本，大蔥的應用多見於
火鍋、壽喜燒，或烘烤的單品料理。

7 茗荷·ミョウガ

❼

屬於薑的一種，夏
天的產量達到最
高，在日本超市其
它季節則多為溫室栽培的品種。屬於
香味蔬菜，其獨特香氣就像淡味的
薑，但比一般常見的嫩薑味道更清
雅，夏天產季時，可直接稍微裹粉做
為炸天婦羅的食材，是夏天的「旬の
食材[3]」，也是重要的藥味之一。

2
藥味：日文中的「藥味（やくみ）」
是與料理一起搭配的辛香料或提味
食材，比如台灣料理湯品中的蔥花
或是魚湯的薑絲，這些都稱為藥味，
做為藥味的食材多為香味蔬菜。

3
旬（しゅん）為當季之意，「旬の
食材」即為當季的食材。

10

2 高野豆腐・こうやどうふ高野豆腐

將凍豆腐完全除掉水份的乾燥保存食品，使用時，只要浸泡於水中，使其恢復原本狀態即可。台灣可在日系超市購得。

3 木綿豆腐・もめんどうふ木綿豆腐

製作木綿豆腐時，將豆漿放入鋪有木綿布的箱子中壓製成形，因此豆腐完成後，豆腐外表會印有木綿布特有的網眼紋，木綿豆腐因壓出的水份多，故口感較紮實。如需要日式木綿豆腐，我通常到台北的太平洋崇光百貨超市購買。

4 絹豆腐・きぬごしどうふ絹豆腐

絹豆腐的製作跟木綿豆腐相反，沒有放入箱子中壓製與脫水，保有原本的水份，所以質地細緻如絹絲而得名。京都因好水質聞名，故以京都軟水所製作的豆腐類產品廣受日本人喜愛。

日式料理常見的食材

1 油豆腐皮
油揚げ（あぶらあげ）或 薄揚げ

將木綿豆腐薄切，放入油鍋中以110~120℃低溫油炸，起鍋前再以高溫二次炸，即為油豆腐皮。品質好的油豆腐皮是以好吃的豆腐、不切太薄，油炸製成，最適合拿來做豆皮壽司。日本好友說，如果買到品質不佳、不是那麼厚的油豆腐皮，常常拿來拌入沙拉，以柚子醋調味食用。油豆腐皮的料理常見於關西地區。

5 乾燥湯葉・干し湯葉

湯葉就是腐皮，湯葉的製作是將豆漿放入方形金屬盤中，下有細火慢慢加熱，但水面平靜無波，靜置一段時間，豆漿表面形成薄膜，將豆漿薄膜晾乾即為湯葉。

將湯葉自然乾燥的製品可長時間保存，故後來旅日總會買一些帶回台灣當做備用食材。

菜餚中，除了增色之外，最重要的就是取它的獨特香氣。台灣很難取得新鮮的日本柚子，可於進口超市購買乾燥柚子皮或柚子粉代替。經常使用於清湯。

3 白味噌・しろみそ

關西地區主要使用的味噌，屬於低鹽偏甜的口味，古早時候的京都，味噌都是自家製作，一般市面並不販賣，沿至今日，還有這種少量手工製作的味噌被稱為手前味噌，京都較常見。

4 鹿尾菜・ひじき

鹿尾菜也稱羊栖菜，是一種海藻類，日本人心中的健康養生食物，在台灣的進口超市均可買到乾燥的鹿尾菜，使用前先以水泡軟即可。日本家庭最常見的常備食材。

5 八丁味噌・はっちょうみそ

名古屋特有食材的代表，顏色極深，近乎暗咖啡色，味道濃郁、鹹度很高，最大的特色與不同是八丁味噌僅以黃豆發酵，無加入米麴或麥麴，再加上長期熟成，所以甜味、香氣與其它味噌不同。

6 磨碎白芝麻・すりごま

江戶時期，主食為魚，很少食用肉類，芝麻的成份含有大量油脂，尤其精進料裡（素食料理）中需補充油脂，故經常食用芝麻。也可購買已焙好的白芝麻，在烹調使用前磨碎，這樣的香氣最佳，台北的日系超市有售與日本超市一樣，白芝麻放於研磨罐中出售，邊吃邊磨，也是一種食趣。

1 海帶芽・わかめ

乾燥海帶芽也是我日常的保存食品。根據研究，長期食用海帶芽能預防心血管疾病，乾燥海帶芽烹調前需先泡水，但不可過久，免得過於軟化而失了口感。春天的日本超市會有新鮮品質的海帶芽，稍微乾燥後以鹽巴略醃，顏色暗綠，不同於完全乾燥的品質，這種新鮮的海帶芽最適合涼拌，口感最嫩。

2 柚子皮・ゆず皮

日本的黃色小柚子，其柚子皮在日本料理中佔有重要的「香氣」地位，需要柚子的香氣時，會取小小一片放入

一定要有的調味料

1　壽司醋·すし酢
　　市售已調味、可直接淋於白飯使其成
　　為壽司飯的調味醋,是方便料理的偷
　　吃步。

2　味醂·みりん
　　日式調味料中,除了醬油之外最重要
　　的一味。味醂是由甜味糯米與麴種釀
　　製而成,酒精成份高,甜度也高,味
　　醂去腥提味效果極佳。日式家常菜
　　中,均使用本味醂,不要買錯喔!

3　生魚片醬油·さしみしょうゆ
　　屬於調味好的醬油,為生魚片沾醬所
　　製作,通常由濃口醬油為基底,各品
　　牌按不同比例添加高湯、日本酒及砂
　　糖等,台灣也可買到。

4　溜醬油·たまりしょうゆ
　　溜醬油的製作非常耗時,在釀造時也
　　不同於其它醬油需要於木桶內攪拌,
　　而是從下而上將下層翻上來,並不攪
　　拌,因為製作到出貨耗時三年,故在
　　全日本的醬油銷售中僅佔 2%,因為

原料中的黃豆含量為 50%，在釀造過程中，黃豆蛋白質的關係而使醬油較為濃稠，顏色深、香味濃郁、汁液濃稠是它的特色，台灣可在日系超市購得。

5 白醋・酢

日本的白醋可細分為穀物醋、米醋，兩種風味不盡相同，台灣的日本白醋選擇沒有這麼多，只要使用可買到的日本白醋即可。

6 清酒與料理酒・さけと料理酒

日本清酒以米加上麴種發酵，屬於純米酒，而料理酒與清酒最大的不同是在於，料理酒添加了鹽、醋等而製成，加了調味的料理酒可在各地方販售，不需要有酒類銷售執照，而料理酒中該加多少比例的調味是按日本政府的法律所規範的比例添加；在料理應用上，要加清酒或料理酒均可，不過，目前為止，我沒碰過使用料理酒的日本人呢！如果購買清酒於烹調使用，請選購最便宜的清酒即可。

7 淡口醬油・うすくちしょうゆ

淡口醬油，也稱薄口醬油，是關西地區主要使用的醬油，以淺烘焙的小麥釀造，並且在醬油中加入酒，因為釀造時，麴種量放得不如濃口醬油多，故放入較高比例的鹽水，含鹽量約18~19%，色澤與香味較淡是它的特色，台灣日系超市可購得。

8 黑醋・黒い酢

品質好的日本黑醋是以純米（或純糙米），經過長時間的發酵，因為熟成時間長達一至三年，故黑醋的醋酸柔和、香醇；日本曾風靡過以喝黑醋減肥及養生，不妨一試。

9 芝麻油・ごま油

日本芝麻油與台灣芝麻油最大的不同是香氣濃郁度，台灣的香油或黑麻油香味均很強烈，但日本的芝麻油因輕焙之故，香氣較為淡雅，適用於清淡的日本料理，才不致搶味。

10 白醬油・白しょうゆ

白醬油的製作是以蒸好的小麥加上少數炒過的黃豆一起釀造，釀造的條件為低溫且時間不長，屬於低發酵的醬油。歷史不長，於江戶時代末期在名古屋發明出的醬油，糖份與鹽份都較一般醬油高是白醬油的特色。使用得不多，產量也很少，僅佔日本醬油生產的 1%，因顏色很淡，通常是為了保持食材顏色而使用。

11 濃口醬油・こいくちしょうゆ

濃口醬油起源於關東一帶，早期是關東地區唯一使用的醬油，如果在關東地區說「醬油」，關東人的認知只有這一種—濃口醬油。其原料為大豆與小麥各一比一，釀造時間比淡口醬油更久，雖然顏色深、香氣濃，含鹽量卻比淡口醬油低，約16%。

特選調味料
提升料理的美味

料理之前

1 三州三河本格味醂

　愛知縣・三州三河生產。古早時候均以糯米製作味醂，現今因糯米比米高價，已較少以全糯米製作，三州三河味醂是以日本國產減農藥的糯米製作，並經兩年熟成，因熟成時間長加上全糯米製作，其顏色較一般味醂深色許多，入菜其除腥與提味效果很好。

2 九鬼太白胡麻油

　三重縣四日市・九鬼產業生產。太白純胡麻油是生胡麻油，其白芝麻完全沒有加熱烘焙，直接壓榨，所以無一般芝麻香氣與味道，顏色如沙拉油的淡金色，是品質精純的芝麻油，富含多元不飽和脂肪酸與未經加熱破壞的養份，因為無特別味道與顏色，所以可以當做像沙拉油般的日常使用，也可用於西餐、甜點，日本高級料亭會以此種生胡麻油當做天婦羅專用炸油。

❶　❷　❸　❹　❺　❻　❼

3 九鬼白芝麻醬

三重縣四日市‧九鬼產業生產。九鬼所生產的白芝麻醬是去除芝麻外皮，研磨而成，生產過程無添加任何調味，口感與味道均佳，純天然的滋味適用於任何料理、甜點；雖然芝麻醬可當主味，但也可以是料理中的「隱味」，如加入咖哩、馬鈴薯燉肉，甚至是味噌湯，都會為料理增加主味之外的風味。（隱味是我在創作料理時，甚為注意的一個味道，不可搶其主味，也不是配角香味，是料理入口後，最後能感受到的一絲絲若有似無的風味，我稱它為「隱味」。）

4 千鳥醋

京都三条‧千島醋生產。千鳥醋為米醋，除了米，主原料還有日本酒，千鳥醋沒有一般白醋的強烈酸氣，清爽而溫柔的酸味，圓潤醇和，有深度的酸與速成醋的嗆酸截然不同，它能突顯食物素材本身原有的優點，如用於海鮮，可提鮮去腥，如用於時蔬，則增添不同層次深厚卻柔和的酸。日本各大超市或台灣日系超市皆可購得。

5 山田芝麻油

京都‧山田製油生產。山田在製造與生產其油品時，費時冗長，先在大鐵鍋中炒芝麻，這步驟會按氣溫調整，然後壓榨後只取第一道的「一番榨」，只佔原重量的 3%，一番榨的芝麻油加入熱水攪拌，雖然馬上過濾可濾出雜質，但山田密封後花三個星期沉澱，主要是因為雜質雖可過濾，但雜味會留下，所以費時三週靜置，使雜味連同雜質以和紙濾出，之後再以這樣的油低溫加熱後出貨，一瓶芝麻油從生產到出貨，歷時一個月。

6 高湯醬油

香川縣‧鎌田醬油生產。在日本當地超市可購得的醬油，在醬油製作過程中，放入昆布與柴魚片使味道浸染於醬油中，因以淡口醬油製作，故這種醬油鹹度低、顏色淡，入菜不容易失手，又因有旨味調味，故可提升料理的美味程度；在料理應用上，還有一個小撇步，將高湯醬油直接加入熱水中使其成為快速高湯，不過畢竟是醬油，此種高湯鹹味較重是其缺點。

7 魯山人醬油

和歌山‧湯淺醬油生產。以特別的黃豆（大袖之舞）小麥（春亮 harukirari）米（yumebirika）以及長崎縣五島灘鹽巴來製作醬油，古早傳統的醬油在釀造會使用米，現今幾無此法，湯淺特別以傳統工藝與手法來製作這款限定醬油。一般淡口醬油釀造三個月，此醬油雖以淡口醬油配方製作，但發現八個月的釀造是最好吃的狀態（濃口醬油需時兩年），以色澤與鹹度來看，魯山人醬油看起來像濃口醬油，但奇妙的在於入口後，鹹味很快地消失，在唇齒間留下香氣與甘味，湯淺認為這瓶限定醬油不是淡口，也不是濃口醬油，他們創造出一種新醬油。魯山人醬油最好不經過烹調，最能吃出美味，當醬汁直接品嚐是最好的方法，如要入料理，則在最後加入 保持其香氣。

16

日式料理工具

1 玉子燒鍋

日本料理中製作玉子燒通常使用玉子燒鍋，玉子燒鍋呈長方形，材質不定，按自己的喜好選擇即可，我曾使用過鐵氟龍材質，現在使用的為銅製玉子燒鍋。

2 煮飯用土鍋

土鍋就是砂鍋，在我的廚房中，有五個土鍋，其中四個為大小不同尺寸、主要用途為煮湯或燉煮料理的土鍋，只有一個土鍋（即照片所示）是專門煮飯使用。其實一般砂鍋也可煮飯，不過手上這個飯鍋因厚度較厚及鍋蓋重而密合度高，升溫後因厚度而保溫時間長，鍋子內的溫度高而穩定，煮出的飯特別美味，是我日常使用的飯鍋。

3 壽司飯台

壽司飯台是製作壽司飯的工具，在日本所購的飯台通常為杉木製作，木頭製作的飯台才能吸收醋飯多餘的水份，卻又不致使其太過乾燥，是壽司飯好吃的因素之一。選購飯台時按自己需求挑大小即可。

4 研磨缽

研磨缽為陶器，在內層部分不上釉藥，並製造出許多粗糙有凹槽的直紋，主要是研磨食物使用。使用磨缽研磨食物時，不會把食物磨得像細泥般失去口感，不過份破壞纖維，故食材能保有風味，與食物調理機打出來的食感完全不同。使用過後不可放置，需馬上清洗，免得食物殘渣卡在凹槽內。

5 山椒棒

山椒棒與研磨缽是一組的，研磨棒材質一般多為木製，如講究的話，當然使用山椒棒，因為研磨過程中，會磨出少許木屑，如果是山椒木，除了硬度較高之外，即便磨出也是山椒粉。

6 鬼竹

傳統的磨白蘿蔔工具，所磨出的白蘿蔔呈現不規則小顆粒狀，邊緣粗糙，可吸附更多醬汁或湯汁，因其小粒而維持口感，但大纖維均已被破壞，故讓白蘿蔔粒容易入口。

7 壓花模具

日式料理重視季節性與美觀，所以衍生出許多裝飾用的工具，我喜歡收藏壓花模，通常以季節分開收藏，春天時當然用櫻花之類的模具，夏天可用葉子形狀，秋天是我最愛使用的，有許多不同楓葉或銀杏模。

8 竹編瀝網

傳統的廚房工具，竹編瀝網不只可拿來當做濾掉多餘湯汁的工具，在日本的廚房中，經常可以看到婆婆媽媽們把多餘的蔬菜放在瀝網上，讓食材乾燥後再做成保存食品。經常使用的食材，油豆腐皮於烹調前需要以熱水燙過，放在竹編瀝網上，熱水淋下，馬上就可使用，是非常方便的工具。

美味
的前提

日式料理的調味順序

日式料理在調味料的順序上有著一定的規則，與我們在學習基礎日文一樣地好記呢！我常想起，高中時，對面那排別科的教室中傳來著一聲聲跟著日文老師背誦「a-i-u-e-o」，「sa-si-su-se-so」，「ka-ki-ku-ke-ko」……，這可也應用到日本料理中的調味料順序呢！在烹調時，調味料中的醬油、糖、醋等等，哪一個先上，哪個後下，有著一定的規則，記下它們的順序則是按照「sa-si-su-se-so」。

さ Sa，是糖（さとう・Sa-to-u・砂糖），糖通常都於鹽之前放入，因為若先放入鹽巴，則甜味無法吃入食材內，所以通常先放砂糖。

し Si，是鹽（しお・Si-O・塩），鹽的調味於糖之後，理由如前，為避免甜味無法入味。

す Su，是醋（す・Su・酢），醋的調味於糖與鹽之後。

せ Se，代表醬油之意，醬油之日文的古文為せうゆ（se-u-yu）。

そ So，表示味噌，（みそ・Mi-So・味噌），醬油與味噌是取其香味為主的調味料，故最後才放入。

日本料理中一定會使用的酒，則是在這五種調味料之前放入。

以上這樣的規則是按調味料的特性所排出的，不過，在我進入日本家庭學習時，發現並不完全按照此規則，我想，是因為家庭料理的隨性與個人烹調習慣而有不同，如果，您自己可不依賴食譜，而是運用台灣市場的季節食材烹調日式料理的話，則可把這調味順序當做一個參考。

Point

1. 本書中所使用的調味料，如醬油、味醂等，均使用日本生產之淡口醬油或濃口醬油，味醂則為日本生產之本味醂，如追求日式道地口味的家常菜，請使用這樣的調味料，因台灣生產的醬油其味道與日本產並不相同，如使用台灣醬油，則是烹調出台味的日式料理。

2. 在酒與油品的選擇上，除非食譜中特別標示，則均使用沙拉油與日本清酒。

3. 食材份量除非特別標示，本書中的料理均以一人份計，日式料理對應中式料理的話，在主菜的份量上屬於正常，其它副菜，其份量則像是台灣料理中的小菜，故在份量拿捏上，請按自己的需求。

尋味・高湯

與京都料理家智子老師的料理課也延伸到築地市場，我們進入場內市場購買鮮魚與海鮮，也認識一些特定食材，再繞到場外市場，山本先生的食材店，他主要買賣高湯所需的食材，魚乾、鰹節與昆布，光是在山本先生的店舖內，他為我講解這三種食材達一個多小時，日文筆記由智子老師寫下，口譯由佩吟負責，那天，東京零度，站在沒有暖氣的店舖靠街道的地方，我們等於站在室外，但山本先生熱情傳授的心情也感染了我們，笑聲不絕於耳。

日式高湯的靈魂食材：
小魚乾、昆布、柴魚

1　小魚乾・にぼし

　　小魚乾高湯所使用的小魚乾為日本鯷魚的幼魚，購買時請挑選約 5~6cm 的大小、表面有光澤、形狀完整的為佳；一般所見到的日文食譜或是在網路上流傳關於小魚乾高湯的處理法，通常都指示要拿掉小魚乾的頭及腹部，認為這是腥味的來源，山本先生（築地市場的乾貨店老闆）特別向我們講解這一點，他認為如果是品質好且新鮮的魚所做的小魚乾，其頭及腹部各有各的味道與特色，倒不需要執著於一定要去除它們。至於判斷小魚乾的新鮮與否，則是在購買時，取一隻小魚乾直接放入口中咀嚼品嚐，如果無異味也好吃就是好魚乾，這樣的小魚乾整隻直接使用萃取高湯會有意想不到的美味效果。雖然在台灣的選擇不多，但進口超市可買到日本進口鯷魚的幼魚小魚乾，使用這種魚乾來做小魚乾高湯即可，至於要不要使用頭、腹部，則請購買後自行試吃再決定。

2 昆布・こんぶ

昆布的品質影響昆布類高湯的味道，用來熬湯的昆布，常見的是真昆布、利尻昆布、日高昆布與羅臼昆布，這些是以產地命名的昆布，全部產自日本北海道。使用昆布切記不可清洗，昆布上之白色粉末為鮮味的來源，與發霉是完全不同的東西，台灣濕度高，儲存不當會導致發霉，霉菌與白色粉末的甘露糖醇在外表上，肉眼即可分辨。可以取乾淨廚房紙巾，沾消毒用酒精擦拭昆布表面灰塵。在築地市場，老闆特別推薦我買真昆布，這是產自道南（北海道南，札幌一帶）的昆布，如果以產地來分的話，山本先生認為他心目中最好的為產自道南的真昆布，第二為來自道北的利尻昆布，購買昆布時，盡量選肉厚與乾燥至乾硬狀態的品質，另外山本先生也會詢問做何種料理而推薦選購何種昆布，他另拿一包小塊的真昆布，說它便宜的原因是因為整理大昆布時所掉落的小昆布，整理成一包，如果只是家庭料理熬製高湯，可以使用這種便宜的價格卻是高品質的碎昆布來做即可。昆布的產品多樣，在台灣還可買到鹽昆布或昆布絲，鹽昆布是將昆布製成細絲再以鹽醃漬，而昆布絲則是將昆布泡醋，使其柔軟後，再以刨刀刨出絲狀，除了常運用在做為飯糰的食材之外，昆布絲也常放入熱湯烏龍麵中；刨絲之後剩下的薄昆布稱為白板昆布，在料理應用上，通常是泡於甜醋中，使用在關西的鯖魚壓壽司的表面。

3 柴魚・かつおぶし

柴魚由鰹魚製成，補獲的鰹魚以三枚片魚法（左右各兩片魚肉，中間一片魚骨）片出後，水煮後取出放涼，去皮、脂肪與拔除剩餘魚刺，做到這個階段為「生節」，將生節每星期煙燻乾燥一至二次，一個月後就成為「荒節」（あらぶし），荒節削成的柴魚片稱為「花かつお」，可翻譯為花鰹、柴魚片花或細柴魚片，此種柴魚片口感較細，削完的柴魚片蓬鬆，通常日式料理中用於拌料理中灑入的柴魚片或裝飾用之柴魚片均屬此類。把荒節日曬之後再像西方起士一樣，由黴菌生成整個外表，密封於室內熟成，之後刮掉黴菌再日曬再密封熟成，重覆此步驟多次至完全乾燥，柴魚碰撞有清脆聲響，此步驟重覆幾個月的稱為「鰹節」，當然，所有食材都有追求極致美味，成為頂級食材的可能，如果熟成步驟長達兩年的則為「本枯節」。同一條鰹魚其實也分部位而有特上或上等之分，通常來說，背部肉優於腹部肉，分辨的方法就是看有無缺少腹部脂肪，完整的為背部肉。山本先生看著我說：「如果吃過本枯節所熬製的高湯，妳就再也不會想買鰹節了！」，呵呵，我笑笑，特等的本枯節達一、兩萬日幣，如是普通的鰹節一、兩千至五、六千日幣，那價格也是差極遠的！

昆布高湯 昆布のだし

食材

昆布 ────── 45~50g
水 ──────── 2L

做法

1 昆布放入鍋內，倒入 2L 的清水，浸泡一個晚上，最少 6 小時的時間。

2 鍋子放到火爐上，開大火讓昆布水快速升溫。(a)

3 接近沸騰或約 80℃ 時，將昆布取出，繼續煮沸即可熄火。(b)

> **Point**
> 1. 煮日式高湯的任一種配方時，昆布不可煮至沸騰，否則昆布雜質與腥味會滲入高湯。
> 2. 夏天浸泡昆布時，宜放冰箱冷藏以免變質。

柴魚昆布高湯 鰹と昆布のだし

做法

1 昆布放入鍋內，倒入 2L 的清水，浸泡一個晚上，最少 6 小時的時間。

2 鍋子放到火爐上，開大火讓昆布水快速升溫，接近沸騰或約 80℃ 時，將昆布取出。

3 水滾後放入柴魚片，轉大火滾 1 分鐘即可。在濾網內鋪廚房紙巾或紗布，將高湯內的柴魚片過濾即完成。(a)

食材

昆布 ──────── 25g
柴魚片 ─────── 30g
水 ────────── 2L

> **Point**
> 過濾的時候，切記不可擠壓柴魚片，以避免腥味滲入高湯中。

小魚乾高湯 いりこだし

食材

小魚乾 ⋯⋯⋯ 25~30g　　水 ⋯⋯⋯ 1L

做法

1 將小魚乾剝掉頭部。(a)

2 小魚乾放入鍋內,倒入 1L 的清水,浸泡約 6 小時的時間。

3 直接開中火加熱,烹煮過程中若出現浮末,請小心撈除,水滾後小火續煮 5 分鐘。在濾網內鋪廚房紙巾或紗布,將高湯內的小魚乾過濾即完成。(b)

> **Point**
> 步驟 1 浸泡的時間因水溫(季節)不同而有所差異,夏天時間可縮短些。

日式高湯

本書中,如食譜中使用的是日式高湯,則為柴魚昆布高湯與小魚乾高湯以 1:1 的比例調和成的高湯。如為素食者,可將本書中使用的所有高湯改為昆布高湯即可。

二番高湯

二番高湯的製作多見於料亭或餐廳,是不浪費食材的一種做法,將熬過高湯的食材,全數放入鍋中,加入清水熬煮。在家庭製作上,不需拘泥比例,可以將已熬過一次高湯的材料全部放入鍋中,加水開火熬煮,滾後改中小火約四十分鐘至一小時,再過濾即可。一番高湯通常做為煮湯用,二番高湯因雜質較多、也不似一番高湯的高雅風味,常常拿來當做煮食材的調味高湯,如本書中許多需要汆燙的食材,可用二番高湯汆燙,讓食材本身更有風味。

濃厚高湯 濃縮だし

食材

昆布 ⋯⋯⋯ 45g　　柴魚片 ⋯⋯⋯ 50g
　　　　　　　　　　水 ⋯⋯⋯ 1.5L

做法

1 昆布浸於水中一晚。

2 開火煮滾,將近滾而未滾之際(或者約 80℃)取出昆布。

3 水滾後放入柴魚片,轉小火續煮約 5 分鐘。在濾網內鋪廚房紙巾或紗布,將高湯內的柴魚片過濾即完成。

> **Point**
> 1. 過濾的時候,切記不可擠壓柴魚片,以避免腥味滲入高湯中。
> 2. 濃厚高湯用於自製麵醬(P53、P61)的基底高湯。

八方醬油做法

食材・調味料

昆布 5g（5~6cm×1 片）
厚片柴魚片 ………… 20g
（或薄片柴魚片 35g）
淡口醬油 ………… 1 杯
味醂 ………… 1 杯

做法

1 將所有食材放入保存容器中，在室溫下放置一個晚上。(a)

2 隔天移入冰箱冷藏室中保存。

3 3 天後將昆布和柴魚取出即完成。(b)

Point
平日放入冰箱冷藏保存，3 個月內使用完畢為佳。

秋葵的前處理

料理秋葵前，做好這道工夫，會讓口感更好喔！

做法

1 以小刀沿著秋葵上部蒂頭的外緣削下外皮。(a)

2 再以小刀由外緣往蒂頭頂端，像削鉛筆的方式，削下外皮。(b)

3 將粗粗的外皮都削下，即完成秋葵的前處理。

蒟蒻的前處理

料理蒟蒻前，一定要先去除腥味。

做法

1 先將蒟蒻切成需要的大小。

2 以熱水汆燙。

3 過濾後自然放涼，讓腥味隨著水蒸氣蒸發備用。

蓮藕的前處理

做法

料理蓮藕前，如需要的是生蓮藕，則於切片或切塊後，直接泡於醋水中。如需先汆燙再入料理，則直接於醋水中汆燙即可。醋水製作比例為 400ml 的水加入 1 大匙白醋即可。

片魚技法

抓住魚頭，斜切。

去除鱗片。

翻開魚的腹部，以刀尖將魚的內臟剔出。

運用刀尖，將魚刺附近的暗紅色血塊剔除乾淨。

一手按住魚身，一手以刀從魚的尾部往內切劃。

再將魚上下翻轉，從魚的上部慢慢切開。切成魚片之後，將腹部肉多刺部分切除。

以鑷子將魚刺一一挑出，再撕下魚皮。

烘焙紙技法

想要鎖住料理的美味，這一個小技巧你一定要學會！

先將烘焙紙移至鍋子上方，量測需要的直徑長度裁切。

將烘焙紙對摺，再對摺。

對摺處

將烘焙紙往對摺處摺出一個三角形。

再將烘焙紙放在鍋子上方，測量大約的半徑，剪出一個扇形。

將扇形的烘焙紙外側往內剪出一道缺口。

尖端處也剪出一個小口。

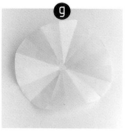
將烘焙紙攤開即完成。

CHAPTER
1 関東地区

松浦媽媽
的家常味

松浦 廣子 Matsuura Hiroko		 66 歲 (1948 年出生)
1 職業	/ 家庭主婦（另，近十年為手語翻譯服務義工）	
2 料理資歷 / 56 年	3 現居地 / 東京都港區	
4 最喜歡的一道菜 / 雞肉的烤肉丸（Tsukune）		

關於松浦媽媽

因為父母都在工作，松浦媽媽從上學後就開始做菜。她母親很會做料理，所以她跟著母親開始學，小學的時候，煮白飯與做味噌湯都是她負責的。國中的時候開始做餃子、油炸的各種料理、漬菜等。升上高中後，她開始學習日本茶道，日本茶道原本是傳統懷石料理的最後一個部分，因此，最正式的茶事（茶會）都先有一道懷石料理。她從小是個「貪吃鬼」（是松浦媽媽自己說的），接觸懷石料理的美味與細工就迷上了，買了很多相關的書籍開始研究。

松浦媽媽 23 歲結婚後，因為先生很喜歡邀請朋友們到家裡聚餐，所以，她除了做料理給家人享用，也分享給先生的朋友們（每次都是5~10個吧！），發揮她料理的功力，展現研究料理的成果，這個時候，松浦媽媽經常特意做些懷石料理的小菜等，讓吃的人為之驚艷。

中文翻譯編撰 松浦優子

松浦媽媽眼中的 Joyce

聽到 Joyce 要跟我學做菜，我有點受寵若驚，因為我經常做的家常菜都很普通，沒什麼特別的。實際上和 Joyce さん一起做料理，就發現她做料理的技術好厲害，不愧是專家！雖然 Joyce 不太會日語，不過因為我們都是愛做料理的人，一開始動手就有一種默契感，合作得很順利，我覺得非常開心。

（松浦媽媽的女兒優子表示：「上次的料理課結束了以後，我媽媽就開始構思下次能給 Joyce 介紹什麼料理，結果只有一次機會，她覺得真可惜呢！」）

松浦媽媽
對待料理的熱情，
如同我的料理研修之路。

就算不是在台北生活，初到台北捷運，照著指標坐車，應該不太難，如果迷路也能問人；優子告訴我，需要出地鐵站才能到我要換車的ゆりかもめ線，我有點忐忑，因為在東京生活，雖然不諳日文，但是讀讀漢字坐車，對使用中文的台灣人來說，通常沒問題的，可是這條路線是平假名，生怕我一急看錯字或漏看了指標，要問人可也沒辦法用日文啊！

從代官山的住處出發，在新橋站轉車，我依著指標，走出新橋站建築，到了ゆりかもめ線（百合海鷗線）的新橋站，一切根本沒問題，順利到沒有浪費任何時間，總是這樣，常常自己嚇自己，事情還沒做之前，以為自己做不到，或認為很困難；這天，我要到優子的母親住處，與她學習日式家常菜，優子的中文非常好，可是她的日文也是極好的，這樣說一個日本人對嗎？是正確的！就像在台灣，有人的國文能力很好，有人的作文很普通，優子是屬於日文與中文能力都很好的人，有日本人跟她學中文，這不稀奇，但也有日本人拜她為師，要更深入學習日文，我第一次知道時，深覺奇妙；優子是我在台

灣的日文老師的學姊的同學，到東京前，我詢問日文老師，想學日式家常菜，老師覺得奇怪，「妳已經會了，不是嗎？」，「會是會，但是我想學得更深入、更道地、或更傳統的家常菜，用當地的食材來學習。」為了我的心願，老師問了從台灣畢業已回日本的學姊，她想，還是要有人會說中文帶著我才行，學姊住家離東京市區太遠，因為不方便而介紹了優子，優子說自己不太會做菜，便問了母親，她欣然答應，這讓我很開心，沒想到，出發到東京前，已經有日本媽媽願意教我做菜，而且會說中文的優子也將全程相陪，這是多麼難得的緣份啊！

話說，雖然我毫不費力地坐上百合海鷗線，但我還是遲到了，出發前，肚子痛讓我拖了些時間，急忙留下訊息

給優子，當我遠遠地看到優子與松浦媽媽在剪票口等我，又開心又不好意思，松浦媽媽與優子卻溫柔地說道沒關係，松浦媽媽說回家做菜前，要先到超市買食材，讓我莫名興奮，當時我已經在東京生活一段時間了，也常常自己做晚餐，超市大部分的食材雖都認識也了解如何烹調，只是我買這些食材時，實在太受限工具與不多的下廚時間，加上天冷想吃熱食，經常料理的就是簡單的一鍋湯，很不願意過著如此單調的東京料理生活，終於能吃到更多樣的食材與日本媽媽做的家常菜，我興奮地期待著。

那是一個風景與環境很清幽的住處，離台場購物中心不遠，那裡的住宅區沒有東京市區的擁擠，商業氣息不重，取而代之的是悠閒的氣氛，在這裡的

超市與街道散步，似是回到家鄉台南閒適的氛圍，不過一出超市，冷冽的空氣讓我馬上意識到，自己在東京呢！

與松浦媽媽做菜很輕鬆，就像與鈴木媽媽一樣，因為她們在廚房身經百戰而且經驗老道，一轉眼就是一桌菜。松浦媽媽與優子都説，雖然台場的環境很好，但媽媽非常不喜歡現在的廚房，這對她來說太小了，她喜歡以前東京市區老家的大廚房，我能了解她的心情，尤其松浦媽媽喜歡研究料理，更因為學生時期學習茶道而愛上懷石料理，讓她特別鑽研懷石料理的藝術與細工，買了許多相關書籍研讀，這讓我想起自己因為興趣而起步的料理自學之路。

松浦媽媽的廚房內有許多調味料是當時我未見過的，那些平日使用的濃口醬油、清酒等，在這兒只是其中之一，光是醬油，除了基本款之外，還會使用生魚片醬油與我們常見的麵醬來當做調味醬油使用，麵醬也是我常常拿來偷吃步的省時美味小秘方，另外，松浦媽媽使用的酒不是一般的日本清酒，而是「赤酒」，赤酒為熊本地方的傳統酒，因為松浦媽媽的親戚住在熊本，每年都會寄到東京給她。赤酒在烹調料理應用上，與一般料理酒或清酒相比，加了赤酒於魚或肉料理中，可以為魚或肉保持本身所含的水份，並因此使甜味與香氣較完整保留，除此之外，使用赤酒的菜餚在成色上都較為光亮有色澤，是屬於松浦媽媽的特選食材。

初見松浦媽媽，被她的慈善面目吸引著，那是一個持家多年、既堅強又溫婉的形象，歲月留在松浦媽媽身上的印記就是「慈祥」，松浦媽媽的笑容靦腆，優子翻譯著我們之間的對話，女兒畢竟是了解媽媽的，所以會適時地替不多話的媽媽再多加解釋。在超市，松浦媽媽說要多買一道菜，她挑了山藥，因為聽說我出發前胃不舒服，所以想多做一道護胃料理讓我吃，我的心情有一點悸動，是因為那像「母親」一樣的關心，暖暖涓滴流入心裡。在這樣的初冬，她也看到了優子愛吃的油菜花（日語：菜の花，なのはな，na-no-ha-na），春天的季節才會有的油菜花，也許是溫室蔬菜，所以才在這樣的季節見到，同樣因為愛而放入購物車內。

頃刻之間端上桌的道道料理，透過松浦媽媽的手，融入她的愛心，有為女兒優子做的涼拌油菜花，也有照顧我的蛋黃拌山藥，還有去世的松浦爸爸所指定味道的玉子燒，松浦媽媽的餐桌是愛的餐桌，有她的養生堅持，家人的私房味道，也有她的料理研究，以世代傳承的經驗與喜愛料理的心，將她的慈愛轉化成一道一道的菜餚，藉由料理，印證她的料理熱情與對家庭的愛。

中日文口譯
松浦 優子 / 專業翻譯，日本東京都人
攝影
松浦 優子、Joyce

雞肉丸子
とりだんご

舞菇味噌湯
まいたけの味噌汁

汆燙四季豆
さやいんげんのお浸し

金平蓮藕
きんぴら蓮根

馬鈴薯燉肉
肉じゃが

玉子燒
だし巻き

涼拌山藥
山芋の短冊

馬鈴薯燉肉 肉じゃが

食材

牛肉片 ———— 260 g
馬鈴薯 ———— 210 g
四季豆 ———— 80 g
洋蔥 ———— 70 g

調味料

清酒 ———— 100ml
八方醬油 ———— 80ml
糖 ———— 1 大匙

○○○○○○○○○
Point

1. 馬鈴薯的品種，以五月皇后（May Queen）最好。

2. 牛肉片以火鍋肉片或薄肉片為佳。

做法

1 洋蔥切粗絲，馬鈴薯切塊並將邊角削圓。(a)

2 熱鍋後倒入少許油，油熱後放入洋蔥絲略翻炒。

3 放入牛肉片（如果 1 片太大，可對半切使用），再加入 1 大匙油。

4 放入馬鈴薯，以中火翻炒。(b)

5 牛肉變色後，放入 250ml 的水。

6 放入清酒、八方醬油、糖。蓋上鍋蓋（或使用 P26 的烘焙紙技法），以小火燉煮 15 分鐘或至馬鈴薯熟軟。

7 同時，另起一鍋水燙熟切段的四季豆。

8 最後再將四季豆放入步驟 6 中即完成。

金平蓮藕 きんぴら蓮根

食材

蓮藕 ———— 60g
辣椒 ———— 少許

調味料

橄欖油 ———— 適量
八方醬油 ———— 20ml
七味粉 ———— 少許
（或黑七味粉）

做法

1 蓮藕切片（約 0.3cm 厚）。

2 熱鍋後放入橄欖油，續入蓮藕片翻炒。(a)

3 加入少許水、八方醬油、辣椒末，煮約 7、8 分鐘。(b)

4 起鍋後撒少許七味粉即完成。

○○○○○○○○○
Point
使用橄欖油烹調料理是松浦媽媽近年來的習慣，亦可使用一般沙拉或九鬼太白胡麻油。

38

雞肉丸子 とりだんご

食材

蓮藕	40g
雞絞肉	120g
蛋白	10g
薑泥	1/4 小匙
太白粉	1 小匙

調味料

清酒
- 絞肉用⋯ 1/4 小匙
- 調味用⋯ 40ml

八方醬油 — 20ml
淡口醬油 — 1/4 小匙
鹽 — 少許

做法

1 蓮藕分別切粗末（20g）及磨成細泥（20g），加入雞絞肉、薑泥、清酒、鹽、淡口醬油、蛋白拌勻（可再加入雞軟骨增加口感）。

2 熱鍋後倒入少許油，將步驟 1 捏成小球（約 30~35g），放入鍋後，以煎勺稍微壓扁。(a)

3 翻面再煎，煎至兩面呈金黃色。(b)

4 將清酒與八方醬油以 2：1 的比例倒入鍋內，再燒煮約 7、8 分鐘即可起鍋。(c)

涼拌山藥 山芋の短冊

食材

山藥 ………… 100g
蛋黃 …………… 1 顆
海苔絲 ……… 少許

調味料

淡口醬油 …… 少許
（或八方醬油）

做法

1 山藥切粗長條狀（約 1x4cm）。(a)

2 山藥盛盤，將蛋黃放在旁邊。

3 盛盤後再放少許海苔絲，以少許醬油調味，攪拌在一起即可食用。

a

玉子燒 だし巻き

食材

雞蛋 ················ 3 顆

調味料

柴魚昆布高湯 35ml
鹽 ·················· 少許

Point
只加高湯不加糖的玉子燒為松浦家特有的調味，因為松浦爸爸不愛吃有甜味的雞蛋料理！

做法

1 將雞蛋打散，加入高湯和鹽調味，混合攪拌。(a)

2 以紙巾沾油，將玉子燒鍋均勻塗滿油。(b)

3 倒入一層蛋液，以調理筷快速地戳破氣泡。(c)

4 將蛋皮由前往後翻。(d)

5 再將蛋捲往前端推。(e)

6 再倒入一層蛋液，並將第一層蛋捲稍微抬起，讓第二層蛋液與之接合，一樣以調理筷快速地戳破氣泡。(f)

7 將第二層蛋皮由前往後捲翻。(g)

8 將蛋捲往後端收攏，並以調理筷調整形狀。(h)

9 重覆步驟 5~8 兩次，即完成。(i)

看到松浦媽媽以圓形平底鍋做玉子燒，我好驚訝，這技巧太高明，幫忙拍照
的優子也大讚媽媽，技術實在高超啊！當時做的菜色很多，松浦媽媽還讓我
帶回一個便當呢！

關東關西的玉子燒，
調味大不同。

松浦媽媽是在東京出生長大的道地關東人，但她所做的玉子燒卻不是關東常見的加了砂糖的厚煎玉子燒，原因在於松浦爸爸不喜歡甜味的關東版甜味玉子燒。

玉子燒是所有日本媽媽都會做的一道料理，但關東與關西的調味方式可是大不同，關東代表是甜味的厚煎玉子燒，關西出線的是無甜味的高湯蛋捲，為什麼關東地方的玉子燒放這麼多糖？有一說，江戶時代，砂糖是昂貴奢侈的舶來品，所以關東地區好面子的江戶人常常以砂糖為料理調味。

關東的厚煎玉子燒之於關西的高湯蛋捲，最大的不同除了添加砂糖之外，也不加高湯，將調味好的蛋汁直接全數倒入玉子燒鍋，小火慢煎而成，有的高級料亭會加入以刀手工剁出的蝦泥；關西的玉子燒，以鹽調味，加不加糖則每一家庭不同，但就算加入砂糖，也僅僅是提味用的少少量，再加入大量高湯，煎出軟嫩口感的高湯蛋捲，所以關東地區做出來的紮實口感與關西的高湯蛋捲有很大的不同。

松浦媽媽是關東人卻做出關西版的玉子燒，起因於愛情，配合松浦爸爸的口味。松浦媽媽的玉子燒技巧實在太高明了，她可不需要玉子燒鍋，光是用一個圓形的平底鍋，也照樣煎出有形有狀的高湯蛋捲，不過，因其圓形鍋的形狀無法煎出四個角的玉子燒，她會將玉子燒放入竹簾內整型，一樣能做出漂亮的玉子燒呢！使用竹簾為高湯蛋捲整型時，備一張竹簾之外，也準備與竹簾大小約一致的錫箔紙片，因高湯蛋捲柔嫩，如果壓捲整型，高湯溢出易髒也易碎裂，將錫箔紙放在竹簾上再為蛋捲整型，可以橡皮筋綁著固定十分鐘即可。

汆燙四季豆 さやいんげんのお浸し

食材

四季豆 ⋯⋯⋯⋯ 50g

調味料

鹽 ⋯⋯⋯⋯ 少許

八方醬油 ⋯⋯ 1大匙

做法

1 滾水中放鹽，汆燙四季豆（30～50秒即可），再過冷水備用。

2 將四季豆淋上八方醬油調味，擠乾水份即可切段盛盤。(a)

Point

1. 春天的時候，可以將四季豆替換成油菜花或青花筍。

2. 以八方醬油調味為清爽版，也可加入黃芥末即為另一種濃郁口味版。

舞菇味噌湯 まいたけの味噌汁

食材

舞菇 ⋯⋯⋯⋯ 45g
絹豆腐 ⋯⋯⋯⋯ 35g
柴魚昆布高湯 270ml

調味料

白味噌 1 又 1/2 大匙

做法

1 舞菇分成小株；絹豆腐切成小方塊。

2 高湯放入鍋中，放入舞菇煮至小滾時，再放入味噌溶解。

3 放入絹豆腐後稍煮即可熄火。

Point

1. 絹豆腐不可久煮，否則會變硬。

2. 味噌湯不可一直保持沸騰的狀態，味噌香氣容易喪失。

3. 各個品牌的味噌鹹度不一，請依個人口味適時增減。

CHAPTER **2** 関東地区

小林爺爺
的溫情料理

小林 美鶴 kobayashi Mitsuru

80 歲（1934 年出生）

1	職業	/ 齒學博士		
2	料理資歷	/ 70 年	3 現居地	/ 東京都大田區
4	最喜歡的一道菜	/ 筍飯		

關於小林爺爺

小林爺爺憶起小時候的往事，戰後的當時因為可炊煮的食材實在太少，常常吃水煮的南瓜或地瓜，那時，連米也沒有，煮南瓜時，連同南瓜的葉子、花也切一切，放入水中，加入鹽巴，煮熟而已，一直到高中前，經常吃這樣的食物。因為太少吃到白米飯，所以後來非常喜歡筍飯，有時候什麼菜餚都不需要，只要有筍飯加上湯，就異常滿足。他所做的筍飯，加了舞菇、豆皮與筍子，清淡的調味，身體吃了以後很舒服，現在如果煮筍飯，也會放入台灣屏東的櫻花蝦增添香氣，當然這是因為身為台灣人的媳婦送他好品質的櫻花蝦所影響的。光是這道筍飯，除了喜歡的白米飯，有蛋白質（豆皮），有纖維質（筍），有櫻花蝦香氣，營養與味道均衡，是他心中的一品料理。

小林爺爺認為沒有任何料理可以比得上媽媽的味道，他常想起戰後的童年，為手足做菜的心情，那樣的心情對他而言是重要且珍貴的，因為只有自己進入廚房做料理，才能了解食物的真正味道，才能做出真正的美味，而這樣的美味是他想為自己的妻子與小孩所傳遞的。

小林爺爺給 Joyce 的話

他勉勵我：「妳因為喜歡料理而成為料理老師，也因為喜歡料理，所以自然而然能很快地學會料理的方法與技巧，但與我不同的是，妳在教室會遇到各種不同的學生，做料理的『心』是妳身為老師最重要、應該要傳達給人的東西，現今的許多日本人浪費食物，也不下廚，喜歡買珍奢的食物，那不是正確的心態，也不是最好吃的食物，『不浪費食材、為家人做菜才是最值得被珍惜的心情。』希望妳把這信念帶給所有的學生。」

48

小林爺爺教給我的
不只是家常菜的味道，
更有他對生活的領悟與盼望。

這是一種好奇妙的緣份，每每想起，總滿懷感恩！

那是我在東京藍帶廚藝學校的中級班時期，是壓力漸大的時候，當時，偶爾還有餘力在臉書上留下文字與照片紀錄，在其中一份紀錄中有個留言：「老師先在東京幫我們開課好了！」，當時，因為面臨中級考試，所以回覆再聯絡，但進入高級班後，壓力實在太大，並無心力思考其它事務，一直到藍帶畢業後，才終有空，從杳杳網海中回溯，找到當事人並且回覆對方，從此，我與 Nana 成為好友，熱心的 Nana 是個有使命感的人，她為在東京的台灣媽媽們組織「駐日台灣親子交流會」，不定期舉辦各種活動，這是一份繁瑣、義務、沒有好處與報酬的工作，因她的熱情邀約，促使我在東京的港區教過三次料理課，在料理課中，我認識了 Ruby，一位嫁到日本東京的台灣媳婦，當她聽到我對日本家常料理的興趣時，告訴我，她的公公對料理很有研究，平日也常常下廚，而公公因為她這位台灣媳婦，願意教我關於他的日常家庭料理。

在一個冬日的早晨，我帶著京都和久傳的伴手禮[4]，與 Ruby 相約到小林爺爺住處，小林爺爺非常和善，對於我的來訪，

他拿出最高級的茶葉與茶具，備了和果子，擺在收藏的漆器盤中，這些珍品，連 Ruby 都是第一次看到。他喜愛台灣茶，所以，為我細細講解所喝的靜岡職人手作限定茶葉，低溫沖泡的煎茶葉是碧綠的，在一汪水中呈現出像山中的綠寶石顏色湖水，茶湯入喉，甘味從喉嚨深處湧出，清香縈繞唇齒間，再散發到鼻腔，我輕嘆一口氣，讓幽遠香氣包圍我的思緒，實在是好茶！小林爺爺待我如上賓的心意，從一杯茶已然感受。

小林爺爺健談，想到什麼就說什麼，年紀雖大，但身體還算硬朗，雖然有慢性病，但自己嚴格控制飲食，所以吃得極為清淡，因為為自己所做的料理很清淡，所以教導我的幾道日式家常料理中，有的是正常調味，反而使他無法吃當天做的菜，這樣的體貼心

意，除了對我，也處處展現在他對小林奶奶或台灣媳婦的言談舉止中，台灣媳婦 Ruby 幾次以不正確的日文說話，身為公公的他耐心地解說為什麼不能以那樣的文體來說話，對好動的小孫女在家中的調皮搗蛋，他毫無不耐，總是慈祥地與小小孩說著童言童語，小林爺爺已經八十歲了，他有著

4
第一次見面前，我問 Ruby 小林爺爺的喜好，但 Ruby 表示不要任何伴手禮，不過初次造訪，又是麻煩人家，對多禮的日本人來說，還是要做足禮數，因不知喜好，所以我選了日本老一輩的人一定喜歡的和食小禮，京都和久傳為遠近馳名的料亭，希望這樣能表達重視之情。不過，後來小林爺爺最愛的伴手禮是來自台灣的茶葉，又剛好我買到他喜愛的茶葉舖，老人家歡喜之情溢於言表呢！

傳統日本男人的堅毅，卻沒有傳統的大男人主義，我想，也許是因為他的溫暖性格與所受的西方醫學教育使然，他的體貼常常化為慈愛的面貌，與我們說話，總是使用肯定的鼓勵話語，帶出他對我們、日本與社會的期許，讓身為晚輩的我們，不自覺地尊敬、喜愛他。

小林爺爺可說是他那一代的精英，出生在戰後時期，小林爺爺回憶起小時候的事，有許多感慨，在戰後貧困的東京，大家每天最重要的事就是想辦法填飽肚子，他說自己的母親忙於工作賺錢，一直以來沒有時間做菜，所以家中做飯的反而是小小年紀的他，當時要煮給手足們吃，因物資極度缺乏，能煮的食材實在是不多啊，巧婦難為無米之炊，但當時的日本，大家都過著一樣的苦日子，他回想起自己

從小就必須獨立，自己照顧自己，對於那麼辛苦的生活，我想他有許多話未說出，因為話題在「小時候很苦啊！」就嘎然停止，沉默不語；也許因為太早就開始這麼克難地做著料理，所以後來對料理有著出於內心自發的研究與喜愛，許多是他自己的體會與無師自通，我想，這源於當時的無米無食材的環境下，而練就出對食材的掌握與創造力。

在當時艱苦的環境中，小林爺爺出類拔萃，一路攻讀到齒學博士，並且與身為班花的同班同學，也是齒學博士的小林奶奶結婚，兩人共同開立牙科診所；小時候的困苦到成年後的打拼，小林爺爺是一個生活實踐家，婚後工作勞累，小林奶奶於是病倒，女主人生病後，家裡的廚事與所有工作由小林爺爺一肩扛起，聽到這兒，我有點

鼻酸，那是一個愛家庭大於一切的男人，為著妻子與小孩，無怨無悔地付出一切，為了小林奶奶的病，他更是在料理上下功夫，希望做出讓她吃了更健康的料理，從此，小林家的廚房由小林爺爺掌管，他做著一餐又一餐的料理，傳遞他對小林奶奶的情、對家庭的愛。

從小到大，雖然總過著辛苦的生活，小林爺爺現在的悠適可說是一生辛勞換來的，我在他偌大靜謐又優美的房子中，坐在煦煦日光灑下的客廳或設備良善的餐廳廚房中，聽一位老人家，訴說他一生的故事，教給我的不只有他對家常菜的領悟，更有他對人生的哲理與熱情，對生活的盼望與「味道」。

如果，我對留言不上心，就不會認識 Nana，東京料理課僅收每人日幣一千，許多人都說，以一般料理課的價錢，是不是太便宜，我並不在意，我既不需採買食材，也是協會出面租賃教室，更不用花錢買工具與餐具，只拿出先前著作的食譜書內的食譜教學，不需再特別編寫講義，加上我對東京的外來食材並不熟稔，種種因素算來，我開出認為很合理的價錢，如果沒有這些料理課，我不會認識 Ruby，就無緣認識這位令人尊敬的小林爺爺。

中日文翻譯
Ruby Tsai、Bruce Yang
攝影
Ruby Tsai、Bruce Yang、Joyce

夏日素麵
夏のそうめん

櫻花蝦蔬菜天婦羅
桜えびのかき揚げ

夏日素麵 夏のそうめん

食材

素麵	85g
茗荷	1/2顆
薑泥	1大匙

調味料

濃厚高湯	550ml
濃口醬油 3 又 1/2 大匙	

做法

1. 將所有調味料調勻，即為素麵用麵醬。薑磨泥後擠出薑汁。

2. 素麵按包裝上時間煮好。

3. 取出素麵在冷水下沖洗表面黏液，並擠乾水份。

4. 放入盤中，素麵醬與切細絲的茗荷、薑泥另放置即完成。

小林爺爺教我的時候，總是自己先示範一次，然後讓我跟著做一次，一下寫筆記、一下洗手拍照、又或者再洗手操作，雖然很忙卻很受用。小林爺爺告訴我，裝麵的食器一定要有瀝湯汁的竹簾片，才不會使麵條底部浸在湯汁中失了口感。

天婦羅麵糊 <u>天ぷら用衣</u>

食材

天婦羅粉 ──────── 2 杯
（或低筋麵粉）

冰開水 ──────── 150ml

雞蛋 ──────── 1 顆

做法

1 冰開水放在調理盆內，雞蛋打入攪拌均勻。(a)

2 將麵粉分 2~3 次放入蛋水中。

3 打蛋器或粗筷子以畫八字的方式大致地混拌，不需完全均勻，留有少許麵粉或有粉糰也沒關係。(b)

Point

天婦羅麵糊有濃與稀之分，喜歡濃厚感重的、有厚度的天婦羅麵衣則可將麵粉再多加些，喜歡薄薄的麵衣則麵粉再少一些即可。

櫻花蝦蔬菜天婦羅 <u>桜えびのかき揚げ</u>

食材

洋蔥 ──────── 70g

大蔥 ──────── 20g

乾燥櫻花蝦 ──────── 8g

麵粉 ──────── 1 大匙

Point

油溫判斷：如果手邊沒有溫度計的話，也有小方法判斷油溫是否已到180℃。將少許天婦羅粉漿放入油鍋中，粉漿快速下沉但並未到底部即快速上升至表面並且同時冒出許多氣泡，這時之溫度大約為180℃；如果麵衣不太下沉，只在油鍋的表面散開，則表示溫度高於180℃，若麵衣快速下沉沒有氣泡，則溫度低於180℃。

做法

1 洋蔥切半後，再厚切粗絲（約1cm寬），撥散洋蔥絲。

2 大蔥切粗末，約不到1cm之粗末。

3 洋蔥、大蔥與櫻花蝦放入調理盆內拌勻。(a)

4 將 1 份的蔬菜（約 2~3 口大小）放入麵粉中，沾裹薄薄一層，取出放入另一個小碗，再舀入少許天婦羅麵糊，拌勻。(b)

5 再全部放置於長柄湯匙上，整個放入油鍋中，油溫比180℃略低，介於170~180℃是油炸蔬菜的最佳溫度。(c)

6 當炸物周圍氣泡略微減少時，即可起鍋。

毛豆蝦仁蓮藕天婦羅
枝豆とえびと蓮根の天ぷら

大蝦天婦羅
えびの天ぷら

蕎麥涼麵
そば

大蝦天婦羅 えびの天ぷら

食材（2人份）

大隻帶殼鮮蝦 —————— 6隻
低筋麵粉 ———————————— 少許
沙拉油 ———————————————— 適量
（或植物油、淡色胡麻油）

做法

1 鮮蝦去殼，蝦尾的殼留著，將尾巴收攏，以刀斜切，去腸泥，腹部垂直劃數刀。(a)

2 炸油放入油鍋中，開火加溫。鮮蝦沾裹麵粉後，拍掉多餘麵粉。

3 以手拿取蝦尾，在天婦羅麵糊中沾拖，裹上麵糊。(b)

4 放入已達 180℃ 油溫的炸油中，當炸物周圍氣泡略微減少時，即可起鍋。(c)

毛豆蝦仁蓮藕天婦羅 枝豆とえびと蓮根の天ぷら

食材

蓮藕 ———————————— 50g
蝦仁 ———————————— 40g
毛豆 ———————————— 45g
麵粉 ———————————— 1 大匙

做法

1 將蓮藕、蝦仁切丁。(a)

2 將所有食材放入麵粉中，沾裹薄薄一層，再放入另一個小碗，舀入天婦羅麵糊混拌在一起。

3 以長湯勺舀起拌料，放入油鍋中炸，炸至成形即完成。(b)

point

天婦羅可搭配蕎麥麵醬食用，亦可搭配抹茶鹽及柚子鹽食用。

食材

蕎麥麵	90g
小蔥	少許
海苔絲	少許

調味料

濃厚高湯	550ml
濃口醬油	3～3 又 1/2 大匙
味醂	2 大匙
創味濃厚麵醬	2～3 大匙
（或八方醬油 1～2 大匙）	
綠芥末	少許

蕎麥涼麵 そば

做法

1　將所有調味料調勻，即為蕎麥麵醬。

2　蕎麥麵按麵包裝上之時間煮好，分散下麵可避免麵互相沾黏。(a)

3　在冷水下沖洗表面黏液，擠乾水份。

4　放入盤中灑上海苔絲，麵醬、芥末、蔥末另置放即完成。

關東人吃蕎麥麵，
關西人吃烏龍麵。

關東與關西的飲食文化如前言之概論所說，兩地大不相同，這點也表現在麵食上，關東人愛吃蕎麥麵，而關西人則喜歡烏龍麵，關西人因重高湯，發展出為了品嚐高湯風味而煮的烏龍麵，而江戶時期的關東，聽說為了預防腳氣病而吃起富含維他命 B1 的蕎麥麵，另一般認為最主要的原因是，因遠在京都的朝廷是以烏龍麵為主流，江戶人為了對抗的反心理而吃蕎麥麵。

因歷史、文化因素而吃蕎麥麵的江戶人（東京人）對於吃蕎麥麵有自己的潛規則，比如沾麵醬時，只沾到麵條的前端，不想讓醬汁影響入口蕎麥的香氣，吃蕎麥麵時應該要使用即用即丟的免洗筷，免洗筷的前端必須是四角形狀，如果使用一般吃飯用的筷子，因上了漆加上前端為圓形，是很難夾住麵條的，免洗筷因為未上漆，又是四角形，所以容易使用。

雖說關東愛吃蕎麥麵而關西喜歡烏龍麵，但「狐狸烏龍麵」（きつねうどん，ki-tsu-ne-u-do-n）則不分地區，為全日本所喜愛，狐狸烏龍麵即為油豆腐皮烏龍湯麵，為什麼要叫它狐狸烏龍麵，一般說是狐狸喜歡吃油豆腐皮，在神社內，要供拜狐狸時總是放著油豆腐皮。

雖說全日本都喜愛狐狸烏龍麵，但是，好玩的是，銷售狐狸烏龍麵泡麵產品的「丼兵衛」卻將旗下產品分為關東與關西版，標示「E」的關東口味是柴魚高湯與濃口醬油調味，油豆腐皮滷得較為甜鹹，而標示「W」的關西口味則是昆布高湯與淡口醬油調味，油豆腐皮滷得較為清淡，聽說，這樣的產品分別，才能在關東或關西地區得到較好的銷售數字，由此可見，東西料理大不同的趣味。

小黄瓜飯捲
かっぱ巻き

葫蘆乾飯捲
かんぴょう巻き

柴魚飯捲
鰹節巻き

芋頭茄子香菇煮物
炊き合わせ

📷 料理小事

以海苔捲起所製作的壽司在關東稱為「海苔巻き」海苔捲，在關西則叫「巻き寿司」捲壽司；關西最常見的捲壽司是較為台灣人所知的太卷壽司，使用一張以上的海苔，不烤海苔，直接使用，包捲數種食材，捲成直徑粗大的太捲壽司或花壽司；而關東人喜歡酥脆的海苔，故使用前先過火烘烤，因為是要享受海苔，故關東的海苔捲，醋飯少，食材少，因而做出細捲的壽司捲，關於飯捲這件事，關東跟關西也不同調呢！小林爺爺是關東人，所以教給我的就是關東風味的海苔細捲。

小黃瓜飯捲 かっぱ巻き

食材

海苔 ———— 19×16cm
小黃瓜 ———— 75g
醋飯 ———— 100g
（詳細做法請參閱 P156）

調味料

淡口醬油 —— 1 大匙
綠芥末 —— 1/2 大匙

做法

1 小黃瓜切條（約 2.5cm 寬），去籽，與綠芥末和淡口醬油拌勻。

2 海苔略烤，放在捲簾上。

3 鋪上醋飯，放上小黃瓜，捲起，切段即完成。(a)

葫蘆乾飯捲 かんぴょう巻き

食材

海苔 ———— 19×16cm
葫蘆乾 ———— 30g
醋飯 ———— 100g
（詳細做法請參閱 P156）

調味料

糖 ———— 3 大匙
淡口醬油 4 又 1/2 大匙
味醂 ———— 3 小匙
清酒 ———— 1 小匙
鹽(清洗用) ———— 適量
柴魚昆布高湯 300ml

做法

1 葫蘆乾以水與鹽搓揉清洗後，泡在水中約 5~10 分鐘，取出瀝乾。

2 放入高湯中，滾後改小火，煮 15 分鐘。

3 將調味料放入後，以小火燉煮約 15 分鐘後，自然放涼即可。

4 海苔略烤，放在捲簾上。

5 鋪上醋飯，放上葫蘆乾，捲起，切段即完成。(b)

柴魚飯捲 鰹節巻き

食材

海苔 ———— 19×16cm
柴魚片 ———— 7g
醋飯 ———— 100g
（詳細做法請參閱 P156）

調味料

淡口醬油 1/2 大匙

做法

1 將柴魚片和調味料拌在一起。

2 海苔略烤，放在捲簾上。

3 鋪上醋飯，再鋪上醬油柴魚片，捲起，切段即完成。(c)

Point
烘烤海苔，可在瓦斯爐上放置烤網，開火後，兩面各烘烤 3~5 秒，或使用小烤箱，不關閉烤箱門，兩面各烘烤 3~5 秒。

芋頭茄子香菇煮物 炊き合わせ

食材

小芋頭 ———— 190g
茄子 ————— 145g
香菇 ————— 105g
甜豆莢 ———— 30g
柴魚昆布高湯 400ml
（或日式高湯）

調味料

淡口醬油 —— 3 大匙
味醂 ———— 2 大匙
糖 —————— 8g

做法

1 小芋頭削皮，香菇去蒂切花，茄子切長段（約 5cm）表面劃刀。(a)

2 高湯倒入鍋中，放入芋頭烹煮。

3 放入所有調味料，蓋上木蓋，以中大火烹煮。

4 放入香菇，再煮 5 分鐘。

5 最後放入茄子與甜豆莢煮 5 分鐘即完成。(b)

香菇切花技法

多做這道工夫，會讓食材更入味喔！

做法

1 先在香菇表面劃出一刀。(a)

2 在另一側也劃出一刀，切出一個凹槽。(b)

3 取其等距，重覆步驟 1~2 兩次。(c)

4 完成香菇切花。(d)

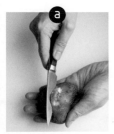

CHAPTER
3 関西地区

料理家智子
的京料理

小山 智子 koyama Tomoko

38 歲（1976 年出生）

1	職業	/	料理家			
2	料理資歷	/	18 年	3	現居地 /	東京都澀谷區

關於智子老師

剛開始，我在紙上寫下智子老師的職業是「料理研究家」，但智子表示，她不是料理研究家，她解釋著，在她認知中所謂的料理研究家雖然對各種食材、烹調法，甚至料理工具與餐具都極有研究，卻是常常不下廚，比較像是評論與做研究的人，她自己除了真正進入餐廳廚房工作過，也對於自己在家中廚房的實作有著許多經驗與心得。尤其出生與成長都在京都，對於京都料理的高雅風味與細微調味有高度的掌控能力，食材選購與前置作業處理的細節一絲不苟，看待家庭料理如同職人一般嚴謹，有自有的京風格，因此，智子認為自己是一位「料理家」，從市場到廚房，產地到餐桌，每一環節都深入了解與實際操作，是真正做料理的人。

智子老師眼中的 Joyce

Joyce 是我的第一個學生，在為她上課的過程中，我自己又更認識京都家常菜。在法國時，雖然學的是傳統法國料理，但是住在寄宿家庭時，吃的是法國家庭料理，當時也跟著法國媽媽學習法國家常菜，兩相比較，我喜歡家常菜的親和力，所以了解為何 Joyce 喜歡並想學習家常菜。

我眼中的 Joyce，對料理有很大的熱情，在投入大量精神與金錢的研修之中，她把這些學到的東西轉化為自己的內涵，我很敬佩這種精神；她的味覺敏銳，嚐過許多不同的食物，加上她是料理老師，因為對食物有豐富的經驗，所以對日本料理中的纖細味道能精確掌握；期待日後更多的合作與教學相長。最後，我很喜歡 Joyce 的料理攝影作品。

與智子老師一起做菜，
是一段互相療癒的過程。

話語婉轉、動作輕巧、氣質典雅，很纖細的京都女子，是我對智子的第一印象，雖然智子年紀比我小，但乍聽到她的料理資歷時，真是自嘆不如，恨自己怎沒像她一樣早一點開竅呢？我當上班族多年後才把興趣轉成專業，但智子很早就了解自己對料理的熱愛，年輕的時候，在一句法文都不會說的當下，即勇闖法國，在法國完成正規的料理與甜點學業時，法文已經流利的她還留在巴黎實習，回到日本後，更因對料理的喜愛，不顧低薪與辛勞，只為了學習，在名餐廳、料理教室或學校，執意做著與飲食相關的工作，工作之餘，到築地市場跟著魚販學挑魚、殺魚，與各食材店老闆聊天、增廣食材知識，到名料理老師身邊當兼差助理……，所做的一切，都是為了料理的精進，可以說是為料理活著！

會認識智子是透過住在東京的朋友居中介紹，我想深入研修道地的日本家常菜，輾轉介紹推薦她的是一位有地位的 Chef[5]，我們與翻譯先約在咖啡廳互相認識，智子剛開始有點猶豫，她說只能在自己的租屋處教，只有一口瓦斯爐，我並不在意，她也擔心自己的深度是否足夠到教人的程度。我請她不要擔心，「就是妳從小吃到大的那些家常菜，是平日妳或妳的母親會做的那些料理。」於是，開啟了接下來為我量身訂做的料理課。

但是，我不會日文，智子不會英文，好友佩吟是專業翻譯，她適時伸出援手，擔任我們的翻譯，好巧的是，我們三人全住在同一區，走路範圍就能到了，我想，這是上帝早就安排好的。第一堂料理課，智子與我約在住處附近的超市，是涉谷車站旁的東急超市

與「Food Show」（涉谷車站東橫百貨超市），這也是我平日會去的超市。智子開的菜單全部是京都家常料理，因為她的母親、祖母都是道地的京都人呢！京都人是日本人中很獨特的一群，他們以自己固有的千年京都文化為傲，有自己的說話術、京都式的行事風格，許多事都遵循京都的傳統，遵循傳統這件事，也徹底實踐在飲食上。

與智子老師學習京都家常菜，對身體不好的我而言，在體力上很不輕鬆，因為只有一個爐子的緣故，所以烹調時間冗長，智子也因為自己長年料理訓練的緣故，再加上京都家常菜本身所注重的事前食材準備細工，每個步驟講求精確、料理技巧鉅細靡遺、講解仔細，上課的時間自然拉得很長。東京租屋處，冬冷夏熱，有一次冬天上課時，翻譯佩吟突然從手提包中拿出保暖的居家長毛襪，我笑了，她也笑了，說上次上課實在太冷，是啊！我都不想把外套脫下；夏天時，沒有空調，再加上火爐的高溫，我們揮汗如雨上著料理課。

日本人特有的矮桌，我與佩吟都無法長久跪坐，每次上智子老師的料理課時，跪坐禮節早就被我拋到九霄雲外，一堂課六、七個小時，我動來動去地亂坐，佩吟畢竟嫁到日本多年，盡量謹守禮節，跪坐累了換姿勢之後，還是會盡量再換回跪坐，我最後總是兩腳攤在矮桌下，伸得長長的。

5
Chef 是法文「主廚」之意，在廚房中，帶領所有廚師的重量級人物；在法國或日本，被稱為「Chef」，有著崇高的社會地位，受人尊重。

雖然體力負荷大，但智子的料理課以我同樣身為料理老師的角度來看，是學習最多的課程，這源於智子自己以料理為她的世界中心，加上長年的研修與實務操作，當然也因為佩吟的翻譯很專業，常常，料理上桌之後，我們已經開動品嚐時，智子繼續聊著各種料理知識與技巧，但佩吟幾乎不吃，盡責地為我們之間的交流翻譯。

當然，我也很喜歡其他媽媽或老師教我的料理，不過，同樣身為浸淫於料理世界並時時訓練自己的智子與我，在料理思維上與一般家庭主婦並不相同，我們會特別注意烹飪時的各種物理、化學變化，在學理上整理出規則性或把理論做各種運用，這種料理訓練常常在不自覺中所發展出來，媽媽的料理來自經驗與世代相傳，智子與我的學習則在這之中加上我們對料理

的直覺、科學體會、轉換運用甚至是實驗料理，所以與智子的學習是在傳統的京都家常料理的基礎上再進階。

「和食」（日本的傳統飲食文化）於2013 年底被正式登錄為世界非物質文化遺產，智子告訴我，這對她來說是一件開心的事，現今的和食就是以京都料理為基礎而發展的，她本身的京都背景，加上對料理的執著，讓她於料理教學上更具使命感。她告訴我，對一個外國人願意學習京都家常料理，深覺意義不凡，她會毫不保留，盡其所能地傳授關於京都家庭料理的一切，並且希望透過我與她之間的交流，讓更多人認識了解京都家常菜的美。

智子與我一樣，對料理有著夢想，我們與佩吟常常在料理課時，各自分享

對料理的熱情與未來的藍圖，冬天上課時，她還未有感情對象，講起了日後的廚藝教室夢想，問已經有廚藝教室的我的意見，我說，對方當然要很支持廚藝教室的夢想才有機會發展。她擔心，東京的房子很貴，我開玩笑回答，那麼找個有大房子身家的人當老公吧！啊！這真的是很好的解決辦法，我們三人同時笑了，這根本是把廚藝夢想放第一、感情擺第二的想法。不過，玩笑歸玩笑，從許多觀念來看，智子與我同樣因熱愛著料理，願意為自己的夢想努力往前走，不放棄任何的學習機會，所以兩人的交流有許多會心一笑與同理心，佩吟居中我們倆的翻譯，有一次說：「因為妳們倆個都是熱愛料理的人，我常發現在面對料理或食材時，妳們兩人的臉龐或眼神會散發出同樣的光采。」

漫步東京的秋，拍拍落在肩膀的黃色銀杏、走過罕見大雪覆蓋的東京，冬天過去、在櫻丘町的櫻吹雪中與佩吟邊聊邊往智子家走、或者夏日手上一杯冰沙，從代官山的蔦屋書店散步至櫻丘町，東京的四季流轉，我與智子之間的料理課還未結束，我們約定日後無限可能的料理進修，能持續多久就往前走吧！那是我們心中一致的夢想，點燃它，呵護它，發光發熱由機緣，我不想當有地位的 Chef，只想當一個料理的傳遞者，隨著每一次的料理課，讓食物訴說自己的故事。

中日文口譯
佩吟 / 專業翻譯，台灣台北人
攝影
王娜真、佩吟、Joyce

高湯蛋捲佐蘿蔔泥
だし巻き卵 大根おろし添え

土鍋白飯
土鍋炊きごはん

白味噌丼蔥
葱とまぐろのぬた

高野豆腐高湯煮
高野豆腐のふくめ煮

豆腐皮味噌湯
油揚げの味噌汁

豬肉薑汁焼
豚肉の生姜焼き

豬肉薑汁燒 豚肉の生姜焼き

食材（1 人份）

豬肉片 ⋯⋯⋯⋯⋯ 140g
（里肌烤肉片）
薑泥 ⋯⋯⋯⋯⋯ 1 大匙
薑汁 ⋯⋯⋯⋯⋯ 1 大匙
洋蔥 ⋯⋯⋯⋯⋯ 95g
高麗菜 ⋯⋯⋯⋯⋯ 40g

調味料

淡口醬油 ⋯⋯⋯⋯ 20ml
味醂 ⋯⋯⋯⋯⋯ 20ml
清酒
┌ 醃肉用 1 又 1/4 小匙
└ 醬汁用 ⋯⋯⋯⋯ 20ml

醬汁做法

將淡口醬油、味醂、清酒以 1：1：1 的比例調勻，再放入薑泥。

```
Point
將高麗菜絲泡水後會
更脆，增加口感。
```

做法

1 高麗菜切絲，泡冷水約 15 分鐘，瀝乾備用。(a)

2 洋蔥切細絲。

3 將豬肉片的筋切斷，放入調理碗，再放入清酒、薑汁與洋蔥絲一起拌勻。

4 倒油熱鍋後，將豬肉片放入煎至表面金黃後取出。(b)

5 同一個鍋中，放入洋蔥絲炒至熟軟後，再將豬肉片放回鍋內，開大火。(c)

6 倒入醬汁，翻炒至醬汁收乾 1/2 或 1/3 即可，盛盤後，豬肉片旁放上高麗菜絲即完成。(d)

土鍋白飯 土鍋炊きごはん

食材（3~4 人份）

米 ⋯⋯⋯⋯⋯2 杯
水 ⋯⋯ 1.9~1.95 杯

做法

1 米洗淨後，泡於冷水中。(a)

2 將米瀝乾與水放入土鍋中，蓋上鍋蓋，開大火煮。(b)

3 水氣與蒸氣溢出時，轉到最小火，2 杯米視天氣狀況，小火煮約 5 分 50 秒至 6 分 30 秒。

4 時間到後關火，燜約 15 分鐘，如要開蓋，最少需等 10 分鐘，15 分鐘後開蓋，以飯匙拌勻即完成。(c)

Point
夏天泡米的時間可縮短，至少半小時，冬天則至少 1 小時。

高湯蛋捲佐蘿蔔泥 だし巻き卵 大根おろし添え

食材（2人份）

雞蛋 ——— 5 顆（每顆約為 50g）
白蘿蔔 ——————————— 1 小塊
冷開水 ——————————— 10 ml

調味料

濃厚高湯 ———————— 60 ml
（詳細做法請參閱 P26）
鹽 ——————————————— 1g

Point

1. 白蘿蔔上半部辣味較少，垂直磨泥纖維
   不破壞，是美味的小技巧。

2. 品嚐玉子燒時，將少許白蘿蔔泥放在玉子
   燒上，再淋幾滴醬油，是最美味的吃法。

3. 我喜愛使用土雞蛋做玉子燒，好吃的雞
   蛋使玉子燒的美味度提升。

4. 做玉子燒時，使用濃厚高湯能凸顯玉子
   燒濃郁風味，但本書中的濃厚高湯為風
   味較強的高湯，故再加冷開水稀釋使用
   為佳。

做法

1 雞蛋於碗中打散，小心不要打出氣泡，加
  入高湯、冷開水與鹽，拌勻。

2 玉子燒鍋熱鍋後，以油塗抹鍋子，蛋汁分
  4~5 次放入，煎出玉子燒。（詳細做法請
  參閱 P42）

3 白蘿蔔磨泥，擠出水份，白蘿蔔泥擺在玉
  子燒旁，與小醬油瓶一起上菜。

關西地區／料理家智子

白味噌拌蔥 葱とまぐろのぬた

食材

蔥 ⋯⋯⋯⋯⋯⋯⋯⋯ 80g
鮪魚生魚片 ⋯⋯⋯⋯ 80g

調味料

日式高湯 ⋯⋯⋯⋯ 1 小匙
白味噌 ⋯⋯⋯⋯⋯ 20g
味醂 ⋯⋯⋯⋯⋯⋯ 1/2 小匙
淡口醬油 ⋯⋯⋯⋯ 1/2 大匙
白醋 ⋯⋯⋯⋯⋯⋯ 1/2 小匙
黃芥末 ⋯⋯⋯⋯⋯⋯ 2g
綠芥末 ⋯⋯⋯⋯⋯ 適量
糖 ⋯⋯⋯⋯⋯⋯⋯⋯ 3g

做法

1 將蔥對半切，分成蔥綠和蔥白，蔥白先放入滾水中，快燙熟時，再將蔥綠放入鍋中一起燙熟。

2 取出沖冷水後，放在砧板上，以刀背刮蔥綠部分，將濃稠黏液刮出，切段（約 6~7cm）備用。(a)

3 鮪魚生魚片以廚房紙巾吸去多餘血水後，切一口方塊大小，放入淡口醬油與綠芥末，拌勻備用。(b)

4 將白味噌、黃芥末、糖、醋與味醂，加入高湯調勻。

5 將步驟 2、3、4 一起拌勻即完成。

豆腐皮味噌湯 油揚げの味噌汁

食材（2 人份）

油豆腐皮 ⋯⋯ 25g（1 片）
絹豆腐 ⋯⋯ 200g（1/2 塊）

調味料

味噌 ⋯⋯⋯⋯⋯⋯ 4 大匙
日式高湯 ⋯⋯⋯⋯ 600ml

做法

1 油豆腐皮以滾水燙過後撈出，擠乾水份，切成條狀。(a)

2 鍋中放入高湯，續入豆腐皮略煮後，將味噌溶入高湯。(b)

3 最後放入絹豆腐即完成。

Point
1. 絹豆腐不可久煮，會變硬。
2. 溶入味噌後，不可一直以大火滾沸，風味會減少。

高野豆腐高湯煮 高野豆腐のふくめ煮

食材（2人份）

高野豆腐	5塊
四季豆	70g
胡蘿蔔	120g

調味料

日式高湯	550ml
味醂	1大匙
淡口醬油	1小匙
糖	15g
鹽	2g

做法

1 高野豆腐泡於溫水中，多換水幾次，每次換水時，一邊壓一邊洗，把粉洗掉，最後擠乾水份備用。(a)

2 四季豆以鹽巴（份量外）搓揉表皮，放入滾水中煮軟，再以冷水沖涼備用。(b)

4 高湯中放入糖、味醂、淡口醬油、鹽拌勻，再放入切滾刀塊的胡蘿蔔，開火燒煮。

5 胡蘿蔔煮至快軟時，放入高野豆腐，再煮約10~15分鐘（全程約40分鐘）。(c)

6 盛盤前再放入四季豆一起煮即完成。

 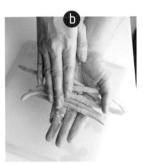 

Point

高野豆腐是智子老師喜歡的其中一道料理，她說，現今許多日本人已經不太會處理高野豆腐了，她深覺可惜，高野豆腐調味偏甜是其美味的重點，並且要讓豆腐充分吸收高湯的風味，確實做好前置作業的沖洗與換水，以及準備偏甜的調味高湯，一定能料理出美味的高野豆腐。

PART

2

比目魚紅燒姿煮
ひらめの煮付け

醋拌明石章魚
明石蛸ときゅうりの酢の物

小松菜與油豆腐煮物
小松菜と油揚げの煮物

栗子土鍋飯
栗御飯

湯葉與魚板的清湯
湯葉と蒲鉾のすまし汁

鹿尾菜煮物
（胡蘿蔔.甜不辣）
ひじきの煮物

89

比目魚紅燒姿煮 ひらめの煮付け

食材

比目魚 —— 1 尾
嫩薑絲 —— 適量
大蔥 —— 適量

調味料

淡口醬油 —— 5 大匙
味醂 —— 4 大匙
清酒 —— 200ml
糖 —— 15g
水 —— 50ml
日本酸梅籽 —— 1 顆

做法

1 魚洗淨後儘快以紙巾擦乾，表面劃格子刀。(a)

2 鍋內放入水、所有調味料與薑絲，煮滾後放入魚。

3 魚入鍋再度滾起後，轉中小火，以大匙舀起滾燙的湯汁持續澆淋在魚表面，煮至魚熟，盛盤旁邊放薑絲、蔥段即完成。(b)

Point

1. 姿煮：保持魚的姿態之煮法為日文漢字中之「姿煮」，姿煮上桌時，頭朝用餐者的左邊擺放，如姿煮比目魚，則黑色魚皮為正面、需朝上。

2. 放入酸梅籽與魚同煮是小山家的家傳煮法，可去魚的腥味。

3. 煮汁滾了以後才可放入魚，魚的腥味會隨同水蒸氣一起散發。

栗子土鍋飯 栗御飯

食材

新鮮栗子 50g（約 10 顆）
米 —— 1 杯

調味料

昆布水 —— 165ml
清酒 —— 5ml
鹽 —— 1g
黑芝麻 —— 少許

做法

1 米洗淨後泡於水中至少 1 小時，再將米、昆布水、栗子依序放入土鍋中。(a)

2 加入清酒與鹽，再按土鍋白飯煮法即可。（詳細做法請參閱 P81）

3 盛碗後撒上少許黑芝麻。

Point

土鍋可換成不鏽鋼鍋，也可不用瓦斯爐，放入烤箱中來做栗子飯，米鍋在爐上煮滾後，放入 180℃的烤箱烤約 15 分鐘即完成。

小松菜與油豆腐煮物 小松菜と油揚げの煮物

食材

小松菜 —————— 120g
油豆腐皮 ————— 15g

調味料

日式高湯 ——— 200ml
淡口醬油 ——— 2 大匙
鹽 ———————— 適量
味醂 —————— 1 大匙

做法

1 小松菜洗淨後將梗和葉切開，先在滾水中汆燙菜梗，再燙菜葉，取出後擠乾水份，切段。

2 油豆腐皮以滾水燙過後，擠乾水份切成條狀（1cm 寬 ×5cm）。

3 鍋內放入高湯及所有調味料，開火烹煮。(a)

4 油豆腐皮先放入高湯鍋中煮至入味，約 3 分鐘，再放入小松菜煮約 2~3 分鐘即完成。

Point
小松菜放入高湯鍋中煮後，因蔬菜會出水之緣故，味道會變淡，可於此時再加入醬油與鹽調整味道。

鹿尾菜煮物 (胡蘿蔔.甜不辣) ひじきの煮物

食材

乾燥鹿尾菜 ······ 15g
胡蘿蔔 ············ 25g
甜不辣 ············ 30g
(或竹輪)

調味料

芝麻油 ············ 少許
日式高湯 ······ 50ml
淡口醬油 ······ 1 大匙
味醂 ··· 1 又 1/2 小匙
清酒 ··· 1 又 1/2 小匙

做法

1 將鹿尾菜泡水 20 分鐘,甜不辣切粗條,胡蘿蔔切絲。(a)

2 芝麻油倒入鍋中,加熱後放入擠乾水份的鹿尾菜翻炒。

3 續入胡蘿蔔與甜不辣一起拌炒。(b)

4 放入清酒後略翻炒再加入味醂,拌炒後加入高湯,高湯蓋過食材即可。

5 倒入醬油調味,以中小火煮約 15~20 分鐘或至入味即完成。

醋拌明石章魚 明石蛸ときゅうりの酢の物

食材

明石章魚 ————————— 30g
小黃瓜 ———————————— 25g
泡過水的海帶芽　20g
（也可以茗荷絲代替）

調味料

白醋 ——————————————— 35ml
糖 ————————————————————— 7g
鹽 ———————————————————— 少許
淡口醬油 —————— 1/4 小匙

做法

1　小黃瓜切薄片（約0.3cm厚），抓鹽靜置，去水備用。(a)

2　明石章魚切片，海帶芽略燙過即可。(b)

3　醋中放入糖，溶解後再放入鹽、淡口醬油調勻。

4　小黃瓜、章魚與海帶芽放入醋調味汁拌勻即可。

Point
書中示範使用的章魚為築地市場購入已燙熟的章魚，在台灣若買生章魚，以鹽水燙熟再料理即可。

湯葉與魚板的清湯 湯葉と蒲鉾のすまし汁

食材

乾燥湯葉 ⋯⋯⋯⋯ 3 個
魚板 ⋯⋯⋯⋯⋯⋯ 2 片
三葉草 ⋯⋯⋯⋯⋯ 1 株
柴魚昆布高湯 360ml

調味料

鹽 ⋯⋯⋯⋯⋯⋯ 1.62g

Point

鹽為高湯重量的 0.9%
是清湯最好喝的比例。

做法

1 取 180ml 高湯，煮滾後，汆燙三葉草，取出打結備用。(a)

2 乾燥湯葉放入燙過三葉草的熱高湯，泡至軟取出。(b)

3 魚板切片備用。

4 另取 180ml 高湯，小火滾煮，加入鹽後再放入湯葉與魚板，略滾即可，盛碗後放入打結的三葉草即完成。

94

麵糰子蔬菜湯
すいとん

牛肉蓋飯
牛丼

田楽竹筍
たけのこ田楽

菠菜佐柴魚片
ほうれん草のおひたし

牛肉蓋飯 牛丼

食材

牛肉 —————— 130g
洋蔥 —————— 30g
薑泥 —————— 1 小匙

調味料

昆布水 —————— 50ml
(或昆布高湯)
淡口醬油 —————— 2 小匙
清酒 ——— 1 又 1/2 小匙
糖 —————————— 1 小匙
紅薑 ————————— 少許

做法

1 昆布泡於冷水中，放入冰箱一晚，即為昆布水。

2 薑磨泥，洋蔥切粗絲。

3 煮鍋內放入昆布水、洋蔥絲，開火燒煮。

4 放入酒、醬油、薑泥、糖。

5 洋蔥煮軟後，放入牛肉，撈掉浮末。(a)

6 白飯裝入丼飯碗中，牛肉與洋蔥絲連同湯汁鋪在上
面，再放上紅薑即完成。

菠菜佐柴魚片 ほうれん草のおひたし

食材

菠菜 ⋯⋯⋯⋯⋯ 70g
柴魚片 ⋯⋯⋯⋯ 少許

調味料

日式高湯 ⋯⋯⋯ 200ml
淡口醬油 ⋯⋯⋯ 30ml
鹽 ⋯⋯⋯⋯⋯⋯ 少許

做法

1 菠菜洗淨後，以高湯（100ml）燙熟，取出擠乾水份。

2 高湯（100ml）以淡口醬油（30ml）調味後（高湯和醬油比例為 3：1），再加入少許鹽。

3 將菠菜浸於步驟 2 的高湯中，20 分鐘後翻面再浸。(a)

4 取出後輕擠出調味高湯，切成 4~5cm 的長段，盛盤後撒上柴魚片即完成。(b)

99

田樂竹筍 たけのこ田楽

食材

竹筍 ⋯⋯⋯⋯⋯ 140g

調味料

白味噌 2 又 1/2~3 大匙
糖 ⋯⋯⋯⋯⋯⋯⋯ 1 大匙
清酒 ⋯⋯ 1 又 1/2~2 大匙
柚華 ⋯⋯⋯⋯⋯⋯⋯ 1 小匙

Point

如買不到日本小柚子，則可在進口超市買到「柚華」，為乾燥柚子皮磨成細粉，當成替代食材。

做法

1 竹筍洗淨燙熟，整鍋連同煮竹筍的水放涼備用。烤箱預熱 180℃。

2 將竹筍的根部切除，剖半對切，根據圖示畫出刀痕。(a)

3 將所有調味料放入鍋中，以中小火煮，混合均勻。

4 將竹筍放至烤盤，抹上步驟 3 的醬料。(b)

5 放入烤箱，烤 20 分鐘即完成。

（刀痕示意圖）

麵糰子蔬菜湯 すいとん

食材（2 人份）

魚豆腐 ⋯⋯⋯⋯⋯ 60g
香菇 ⋯⋯⋯⋯⋯⋯ 50g
大蔥 ⋯⋯⋯⋯⋯⋯ 35g
牛蒡 ⋯⋯⋯⋯⋯⋯ 35g
麵粉 ⋯⋯⋯⋯⋯⋯ 25g
小魚乾高湯 ⋯ 650ml

調味料

淡口醬油 ⋯⋯⋯ 1 大匙
鹽 ⋯⋯⋯⋯⋯⋯⋯ 2g

做法

1 麵粉加 20~22ml 的水揉至耳垂硬度不黏手，再揉麵至略微出筋，放置備用。(a)

2 將麵糰以手抓出一口大小，放入滾水中，略燙即起鍋。(b)

3 魚豆腐放入滾水中煮 1 分鐘，取出切小塊（1.3×3cm）備用，大蔥斜切（1cm 寬）備用。

4 香菇去蒂，切片；牛蒡以削鉛筆方式削出片狀（詳細做法請參閱 P168），泡於水中。

5 小魚乾高湯放入鍋中，先放入牛蒡煮，滾後放入香菇以小火續煮。

6 放入醬油、鹽調味，再放入魚豆腐以小火煮約 5 分鐘。

7 續入大蔥，最後放入麵糰，再煮約 3~5 分鐘即完成。(c)

🍲 料理小事

這是一道很特別的麵糰子什錦湯，是因著智子老師的母親的飲食智慧所產生的一道湯品。智子回憶說，小時候，偶爾桌上主食不足時，智子的媽媽會多煮這一道湯，將和好的麵糰，以手隨意捏出一個一個小丸子或麵疙瘩，丟入已煮入味的蔬菜湯底中，等麵疙瘩浮出水面後，再為湯調味，上桌。這一道湯品既可當主食又是一道美味的湯，一舉兩得。

車麩蛋汁燒
車麩の卵とじ

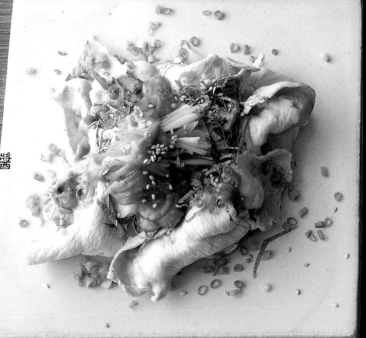

豬肉高麗菜拌芝麻醬
冷しゃぶ胡麻だれ

炸蔬菜浸高湯
野菜の揚げ煮浸し

十六穀飯
十六穀御飯

鯖魚丸湯
鯖のつみれ汁

炸蔬菜浸高湯 野菜の揚げ煮浸し

食材

四季豆 ⋯⋯⋯⋯⋯ 50g
蓮藕 ⋯⋯⋯⋯⋯ 150g
杏鮑菇 ⋯⋯⋯⋯⋯ 75g
茄子 ⋯⋯⋯⋯⋯ 115g
紅、黃椒 ⋯⋯⋯⋯ 100g
炸油 ⋯⋯⋯⋯⋯ 適量
麵粉 ⋯⋯⋯⋯⋯ 1 杯
（或日本片栗粉也可以）
醋水 ⋯⋯⋯⋯⋯ 適量

調味料

柴魚昆布高湯 ⋯ 320ml
淡口醬油 ⋯⋯⋯⋯ 40ml
味醂 ⋯⋯⋯⋯⋯ 40ml

做法

1 蓮藕削皮後，切片（約 0.6cm 厚）後泡於醋水。

2 四季豆去除硬蒂，大支杏鮑菇分切為二，茄子與彩椒均切片（約 3.5cm 寬）。(a)

3 取一淺盤，將高湯與醬油、味醂混合均勻。

4 所有蔬菜油炸前，以廚房紙巾擦乾，不留有水份，撒上麵粉後，於油炸前拍除多餘麵粉。(b)

5 炸油加溫至 170~180℃，將蔬菜放入油炸。(c)

6 取出的炸蔬菜趁熱即放入步驟 3 的淺盤，浸於調味高湯中，至少浸漬約 20 分鐘或自然放涼。(d)

7 將炸蔬菜取出盛盤，淋上少許調味高湯即完成。

Point

1. 將炸好的食材浸於調味高湯中的技法稱為「炸浸」（揚げ浸し），這種烹飪法的食物放冷了以後也很美味，所以是夏天日本家庭的餐桌上經常出現的料理。

2. 台灣常見的糯米椒也適合拿來做炸浸，糯米椒於油炸前以牙籤先於表面穿刺孔洞；洋蔥、香菇也是適合炸浸之食材。

3. 炸浸蔬菜也可做成丼飯，只要將蔬菜鋪在飯上，調味高湯再以少許醬油調味後，淋於丼飯上即可。

豬肉高麗菜拌芝麻醬 冷しゃぶ胡麻だれ

食材（2人份）

火鍋豬肉片┄┄150g
高麗菜┄┄┄┄150g
茗荷┄┄┄┄┄1顆
綠紫蘇葉┄┄2~3片
日本小蔥┄┄┄2支
白芝麻┄┄┄┄少許

調味料

白芝麻醬┄┄┄2大匙
淡口醬油┄┄┄1大匙
白醋┄┄1又1/2大匙
味醂┄┄3又1/2大匙
麻油┄┄┄┄┄少許

做法

1 高麗菜切除粗梗，將葉片切為約2口大小。

2 滾水中放入鹽，先燙高麗菜，再燙豬肉片，燙好的高麗菜與豬肉片放在瀝網上自然放涼。(a)

3 茗荷與紫蘇葉分別切細絲、日本小蔥切細末。

4 將豬肉片放入調理碗內，再倒入醬油，與豬肉片拌勻。

5 白芝麻醬與其它調味料拌勻。

6 將高麗菜與豬肉片盛盤，淋上芝麻醬後，放茗荷絲、紫蘇葉絲與日本小蔥末，灑上白芝麻即完成。

Point

在許多食譜中，經常見到將需要降溫的蔬菜或肉類泡於冰塊水中，在此食譜中建議不泡入冰水，而是在常溫中降溫，在冰水中降溫，養份與風味易流失，也會讓食材的含水量太高而影響醬汁風味，若有適合室溫下降溫的食材，可以此方法試試。

車麩蛋汁燒 車麩の卵とじ

食材（2~3人份）

乾燥車麩┄┄6片
雞蛋┄┄┄┄2顆
鴨兒芹┄┄┄少許

調味料

濃厚高湯┄510ml
淡口醬油┄35ml
糖┄┄┄┄1小匙
味醂┄┄┄┄20ml

做法

1 車麩泡於水中至完全軟化，鴨兒芹梗切段、葉片不需切。

2 濃厚高湯放進砂鍋中，先將醬油、糖與味醂放入高湯中，開火。

3 車麩以手擠乾水份，切成4等份，放入砂鍋，滾後轉小火，再煮約5分鐘。(a)

4 雞蛋打散後，將一半份量的蛋汁淋在車麩上，蓋上鍋蓋燜煮30秒。(b)

5 再將剩下的一半蛋汁倒入，關火，放入鴨兒芹後，蓋上鍋蓋即完成。

Point

車麩可在日系超市購得。

十六穀飯 十六穀御飯

食材

白米 ………… 2 杯
十六穀 ………… 30g
水 ………… 2 杯

做法

1 米洗淨後，將米泡在水中至少 1 小時，市售包裝的十六穀米不需清洗，與米同泡。

2 瀝乾水份後，與 2 杯水同時放入砂鍋，蓋上鍋蓋，放到火爐上，開大火煮。(a)

3 水氣與蒸氣溢出時，轉到最小火，2 杯米視天氣狀況，小火煮約 5 分 50 秒至 6 分 30 秒。

4 煮完後關火，燜約 15 分鐘，如要開蓋，最少需等 10 分鐘，15 分鐘後開蓋，以飯匙拌勻。

Point

1. 十六穀為もち粟（日本小米）、黑米（紫米）、黑豆（黑豆）、アマランサス（彩葉莧子）、発芽玄米（發芽糙米）、キヌア（印地安麥）、たかきび（紅扁豆）、小豆（紅豆）、黑ごま（黑芝麻）、白ごま（白芝麻）、もちきび（黍米）、大麦（大麥）、赤米（紅米）、ひえ（紫穗稗）、はと麦（薏仁）、とうもろこし（綠豆仁）

2. 市面上即有販售現成的十六穀米綜合包，非常方便使用，如果想要自己個別購入每一種穀物再混合使用，也沒問題喔！

鯖魚丸湯 鯖のつみれ汁

食材（2 人份）

※大約 8~9 顆丸子

鯖魚 ⋯⋯⋯⋯⋯ 155g
（或沙丁魚）

鴻喜菇 ⋯⋯⋯⋯ 45g
胡蘿蔔 ⋯⋯⋯⋯ 20g
麵粉 ⋯⋯⋯⋯⋯ 50g
日本小蔥 ⋯⋯⋯ 少許
薑汁 ⋯⋯⋯⋯⋯ 1 小匙
柴魚昆布高湯 420ml

調味料

白味噌⋯⋯⋯⋯ 2 大匙

做法

1 以片魚技法片出魚片（詳細做法請參閱 P28），將鯖魚撕掉魚皮，小夾子仔細夾出硬刺，切成小塊備用。(a)

2 將胡蘿蔔與白蘿蔔切片後再分切 4 等份。

3 鴻喜菇以手撕成數等份。日本小蔥切細末，備用。

4 在鍋中放入高湯，蔬菜都放入，煮滾後轉小火。

5 魚片放入磨缽中，放入味噌（1/2 大匙）、麵粉與薑汁，以山椒棒研磨拌勻。(b)

6 以 2 支湯匙將魚泥做成梭子形狀，放入小火煮滾的蔬菜湯汁中。(c)

7 再放入味噌（1 又 1/2 大匙），盛碗後放少許蔥末即完成。(d)

苺大福
いちご大福

永燙芥蘭
カイラン（芥藍）の辛子あえ

竹莢魚蘿蔔煮
鯵のおろし煮

豆腐醬拌蔬菜
特製白合え

海瓜子味噌湯
あさりの味噌汁

豌豆飯
豆ご飯

竹莢魚蘿蔔煮 鯵のおろし煮

食材

竹莢魚 ──────── 3 尾
麵粉 ────────── 半杯
白蘿蔔 ──────── 100g

調味料

日式高湯 ────── 200ml
淡口醬油 ────── 50ml
味醂 ────────── 50ml
柚子皮 ──────── 少許
柚華 ────────── 少許

做法

1 竹莢魚片出魚片後，拔掉魚刺，切掉腹部肉，切成 3cm 寬的塊狀，備用。(a)

2 白蘿蔔削皮後，以鬼竹磨出粗末（或以菜刀切成粗末）。

3 魚片沾裹麵粉後，放入 180℃的油鍋中炸熟，取出備用。(b)

4 高湯、醬油與味醂放入小鍋內，開火燒煮，再放入 60g 的白蘿蔔粗末。

5 放入炸好的魚片，滾後轉小火，再煮約 2~3 分鐘。(c)

6 盛入碗內，少許湯汁淋在魚片上，放入剩下的白蘿蔔粗末，再放上柚子皮與柚華即完成。

豌豆飯 豆ご飯

食材

豌豆仁 ──────── 50g
（或青豆仁）
米 ──────────── 1.5 杯
水 ──────────── 240ml
吻仔魚 ──────── 35g

調味料

清酒 ────────── 5ml
鹽 ──────────── 1/2 小匙

做法

1 米洗淨後，將米泡在水中至少 1 小時。

2 瀝乾水份後，與水同放入砂鍋，再放入酒與鹽，續入豌豆仁，拌勻，蓋上鍋蓋，放到火爐上，開大火煮。

3 水氣與蒸氣溢出時，轉到最小火，1.5 杯米視天氣狀況，小火煮約 4 分 50 秒至 5 分 30 秒。

4 以鹽水燙熟裝飾用的豆子。

5 煮完後關火，燜約 10 分鐘，開蓋放入吻仔魚，再燜約 5 分鐘。

6 開蓋後以飯匙拌勻，盛碗後再放鹽水燙熟的豆子即完成。

汆燙芥蘭 カイラン（芥藍）の辛子あえ

食材

芥蘭 ⋯⋯⋯⋯ 150g

調味料

昆布高湯 ⋯⋯ 120ml
鹽 ⋯⋯⋯⋯⋯ 少許
淡口醬油 ⋯⋯ 20ml
味醂 ⋯⋯⋯⋯ 10ml
黃芥末粉 1/4 小匙
（或黃芥末）

做法

1 洗淨芥蘭後，削掉葉梗的皮，於粗梗的地方劃十字刀。(a)

2 昆布高湯（份量外）加鹽，滾後燙熟芥蘭，燙至以小刀可刺穿梗部即可撈出，自然放涼。(b)

3 取一調理盤放入 120ml 昆布高湯調勻黃芥末粉或黃芥末，視個人口味增減份量，再倒入醬油與味醂。

4 將芥蘭放入步驟 3 的調味料中，浸漬約 15~20 分鐘，其間翻數次，即可取出切段盛盤。(c)

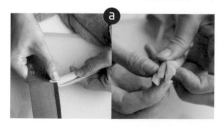
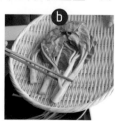

海瓜子味噌湯 あさりの味噌汁

食材

海瓜子 ——— 230g
日本小蔥 ——— 少許

調味料

京都白味噌—1 大匙
清酒 ——— 80ml
水 ——— 80ml
日式高湯 ——— 85ml

做法

1 海瓜子於料理前，先放入 3% 鹽水中吐沙，最少 30 分鐘。

2 在鍋中放入酒與水，再放入海瓜子，開火，只要海瓜子一開口，即取出。

3 在鍋內之湯汁為海瓜子精華湯汁，加入日式高湯，一邊煮滾一邊撈除浮末。(a)

4 放入味噌，全部味噌溶入湯中後，放入海瓜子，熄火，盛碗後放入少許蔥末即完成。

Point

從冷水開始煮貝類是取貝類精華湯汁最鮮美的做法，也可只使用水，在這兒使用水與酒，不論是水或水加酒，或日式的單純酒蒸貝類，都請從冷水冷酒開始料理。

🍲 料理小事

豆腐醬拌蔬菜（特製白合え）是小山家
的家傳味道。這一道料理是由祖母傳
給智子的母親，母親再傳授給智子，傳
了三代的味道。智子說，這一道菜是她
最喜歡的母親所做的料理之一，雖然每
次所使用的蔬菜不一定，通常是季節蔬
菜，但是，有些食材是這道料理中不可
或缺的，它們分別為蒟蒻與蓮藕，她認

為豆腐醬拌蔬菜一定要有這兩種食材，
這道料理才會好吃。或者，我該說，是
小山家的豆腐醬拌蔬菜之必用食材。智
子的母親喜愛使用已經不是那麼新鮮的
木綿豆腐來做這道料理，比較不新鮮的
木綿豆腐可以擠出最多水份，豆腐醬本
身所使用的豆腐，水份愈少，這道料理
愈顯清爽高雅。

119

豆腐醬拌蔬菜 特製白合え

食材（4~5 人份）

小松菜 ──────── 110g
（或菠菜）

蒟蒻 ──────── 100g

蓮藕 ──────── 100g

胡蘿蔔 ──────── 100g

香菇 ─── 40g（5 朵）

油豆腐皮 ──── 45g

去骨雞腿肉 ── 100g

木綿豆腐 ──── 1 塊

調味料

淡口醬油 ── 1 大匙

白芝麻 ──── 2 大匙

京都白味噌 4 大匙

糖 ──────── 2/3 大匙

日式高湯 ──1600ml
（二番高湯或水）

做法

1 木綿豆腐以重石壓出水份，至少 2~3 小時。(a)

2 胡蘿蔔切短條狀，香菇去蒂切片，蒟蒻切與胡蘿蔔相似大小，蓮藕切片後，如太大片則再對切或分切為 4 等份。

3 700ml 高湯煮滾後，放入胡蘿蔔，煮至快軟時將香菇放入再煮約 3 分鐘，撈起後，將小松菜放入燙熟，取出後切成 2.5cm 的長段。高湯內加入白醋，放入蓮藕燙熟但仍保有口感。

4 另取 400ml 高湯放入鍋中，煮滾後，放入蒟蒻，再滾後，煮約 1 分鐘，蒟蒻撈起放入盤中自然放涼。

5 剩下之高湯 500ml 放入鍋內，煮滾後轉小火放入豆腐，燙約 2~3 分鐘，取出備用，將切一口大小的雞肉放入燙煮至熟，取出過冷水瀝乾備用，剩下的高湯直接燙油豆腐皮，取出擠乾水份切短條狀。(b)

6 在磨缽中，先放入白芝麻，以木棒磨出香氣後，加入白味噌續磨，放入糖與醬油，再放入豆腐以木棒搗碎，並與其它配料充份混拌。(c)

7 磨勻後與所有燙過處理好的食材混拌均勻即完成。(d)

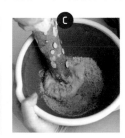

> **Point**
>
> 1. 如果要做進階版的話，在燙蔬菜與肉等所有食材的過程中，全部使用二番高湯（P26），則所有食材因吸收高湯而更顯美味。
>
> 2. 除了食譜內所寫之食材，智子也喜歡使用竹輪，是另一種風味喔！
>
> 3. 燙煮豆腐時，水滾了之後，轉到小火，以手撥碎豆腐，放入滾水鍋中，雖然是加熱，但不可至滾，以免把豆腐煮硬。

莓大福 いちご大福

食材 （6 顆份）

糯米粉 ·············· 50g
水 ·············· 90ml
片栗粉 ·············· 適量
紅豆餡 ·············· 150g
草莓 ·············· 6 顆

調味料

糖 ·············· 50g

做法

1 將糯米粉、糖與水倒入碗內混合均勻，覆蓋保鮮膜，放入微波爐，強火 3 分鐘，或者放入小鍋內，小火加熱，一邊攪拌一邊加熱，約 3~5 分鐘。(a)

2 在盤中放入片栗粉，以沾過水的木匙將加熱的糯米糰倒入盤中，分成 6 等份。(b)

3 紅豆餡也分成 6 等份，草莓去蒂。

4 先以紅豆餡包住草莓 2/3 部分，只留下 1/3 上部。(c)

5 再以手將糯米糰整出像小圓餅皮的形狀，中間部分較薄，中間先包住草莓上半露出部分，再包好下半部，收口藏在莓大福的最底部即完成。(d)

Point
草莓使用前，請以廚房紙巾擦乾水份。

溫素麵湯
にゅうめん

烤茄子
焼きなす

五目炊飯
五目ご飯

黒糖蜜蕨餅
黒蜜わらび餅

小山家可楽餅

コロッケ

🍲 料理小事

小山家可樂餅是智子母親的家傳味，是
智子最懷念媽媽的料理中的第一名，她
如是說，智子喜歡媽媽並未把馬鈴薯全
壓成細泥，而是保留一些馬鈴薯塊，留
下特有的小山家可樂餅的口感。

小山家可樂餅 コロッケ

食材（4~5人份）

馬鈴薯	700g
牛絞肉	100g
豬絞肉	100g
洋蔥	100g
高麗菜絲	30g
小番茄	2~3顆
青花菜	1/4顆
白煮蛋	1顆

調味料

糖	15g
黑胡椒	少許
淡口醬油	30g
麵粉	適量
蛋汁	1~2顆
麵包粉	適量
美乃滋	5g
橄欖油	1/2小匙
鹽	少許

做法

1 起一鍋滾水，加入鹽，放入削皮的整顆馬鈴薯，煮熟後撈出，另將青花菜放入燙熟，取出備用。

2 洋蔥切末，熱鍋後放入少許油，炒香洋蔥末至熟軟。

3 放入豬絞肉與牛絞肉，翻炒至熟並出油汁。加入糖與黑胡椒少許，再次翻炒約2分鐘。

4 加入醬油，仔細翻炒至絞肉上了醬色並有醬香味。(a)

5 絞肉倒入調理盆中，放入馬鈴薯，搗碎馬鈴薯，留有一些塊狀較有口感，拌勻。(b)

6 將絞肉馬鈴薯泥分成4~5份做成餅狀，鍋中放入炸油，開火加溫。

7 可樂餅沾麵粉後拍除多餘麵粉，沾蛋汁，再裹以麵包粉。(c)

8 裹粉之可樂餅放入180℃油溫中炸至表面金黃即可起鍋。(d)

9 美乃滋、橄欖油、胡椒與鹽拌勻，再拌入白煮蛋與青花菜。

10 可樂餅盛盤，旁邊放青花菜沙拉與高麗菜絲、番茄即可。

○○○○○○○○○○
Point
不吃牛肉的人，食材中的肉類全部使用豬肉也可以喔！

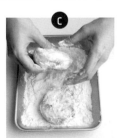

五目炊飯 五目ご飯

食材（2~3人份）

米 ———————— 1 杯
香菇 ———————— 20g
胡蘿蔔 ———————— 20g
牛蒡 ———————— 15g
蒟蒻 ———————— 30g
去骨雞腿肉 ———— 75g
油豆腐皮 ———————— 15g
昆布(5x5cm) 1 小片
三葉草 ———————— 2~3 支

調味料

柴魚昆布高湯140ml
淡口醬油
┌ 煮飯用 ———————— 1/2 小匙
└ 醃製雞肉用 1/2 大匙
味醂 ———————— 1/2 小匙

做法

1 米洗淨後，與昆布同放在水中浸泡至少 1 小時。

2 蒟蒻切短條狀後，放入滾水中煮約 2 分鐘，瀝乾取出放於盤中自然放涼。

3 香菇去蒂後切片，胡蘿蔔切絲。

4 牛蒡以刀背刮除外皮後，先以直刀切出數條狀後，再以削鉛筆方式切出牛蒡絲，放入冷水中以避免氧化。（圖示請參閱 P168）

5 油豆腐皮以滾水燙過後，擠乾水份，切絲備用。

6 雞肉切一口大小，放入調理碗，再放入 1/2 大匙醬油，拌勻備用。

7 將高湯、淡口醬油 1/2 小匙、味醂在砂鍋中調勻，嚐味道後如鹹度不足可再加鹽。

8 米與昆布瀝乾，放入砂鍋，牛蒡擠乾水份與所有備好之食材放於米上。(a)

9 蓋上鍋蓋按砂鍋飯煮法（詳細做法請參閱 P81）煮熟即可。

10 盛碗時，放上三葉草葉片即完成。

烤茄子 焼きなす

食材

茄子 ——— 470g
茗荷 ——— 1/4 顆
薑泥 ——— 1 小匙

調味料

淡口醬油— 20ml
日式高湯 — 5ml

做法

1 茄子以牙籤在表面刺穿許多孔洞，放在烤盤上，放入烤箱以 190℃烤 45 分鐘或至表面全部變黑，中途需要拿出翻面數次。(a)

2 取出烤好的茄子，將黑色表皮剝下，放入調理盤中置於冰箱冷藏至少 1 小時。(b)

3 茄子取出切段後盛盤，醬油與高湯以 4：1 比例調好淋入。

4 放上茗荷絲與薑泥即完成。

🍲 料理小事

烤茄子對智子來說，是美好的飲食回憶，這是智子的父親非常喜愛的一道料理，在夏天時，每隔兩三天就要吃一次烤茄子呢！烤茄子最美味的吃法是，烤完並剝掉焦黑外皮後，放入冰箱冷藏至少四小時，拿出淋上醬油與高湯後，冰冰涼涼地享用，是夏天的美味。

130

溫素麵湯 <u>にゅうめん</u>

食材

素麵 ……………… 25g
魚板 ……………… 2 片
香菇 ……………… 10g
三葉草 ……… 2~3 支
柴魚昆布高湯140ml

調味料

鹽 ………………… 少許

做法

1 香菇去蒂切片，魚板切片後備用。

2 起一鍋滾水，先燙熟三葉草，取出過冷水備用，再按素麵包裝指示時間煮好素麵。

3 將素麵以冷水搓揉沖洗掉外表黏液，放入碗中。(a)

4 高湯放入鍋中，開火，魚板與香菇放入，以鹽調味，將湯盛於素麵碗中，再放入燙熟的三葉草。

關於京都家常料理おばんざい

京都家常料理不同於日本各地方的自有料理，那些料理通稱為地方料理或鄉土料理，如新潟地方料理或九州鄉土料理，京都家常料理在日文中有一個專有名詞，稱為「おばんざい」（讀音 O-ban-zai），由此可見，京都家常菜在和食中的發源與地位。

現今所見到的許多日本家庭料理是以おばんざい為基礎而發展出來的，在東京的百貨公司熟食專櫃中，經常見到おばんざい的料理，如本書中的 P119 的京都白豆腐醬拌蔬菜。おばんざい並無漢字翻譯，我與幾位日文翻譯討論過，雖然可以翻譯為「京番菜」，但此名詞看不出真正的意義，我們覺得最好的翻譯還是回歸它原本的意思—「京都家常料理」。

此篇與智子老師所學習的料理大部分為正統的おばんざい，流傳久遠的傳統京都家常料理。

京都為主的關西地區料理，在調味或味道都不同於關東地區，這兩個地區，料理上的最大差別起因於「高湯」，因為高湯大大地不同而影響所使用的調味料，進而出現的結果為關西料理清淡、而關東料理則味重色深，關西所使用的醬油通常為淡口醬油，（或翻譯為薄口醬油），釀造淡口醬油的小麥為淺烘焙，而且會在醬油內添加酒，與關東主要使用的濃口醬油相比，顏色與香味都較淡，但含鹽量較高，實際上比濃口醬油鹹呢！

黑糖蜜蕨餅 <u>黒蜜わらび餅</u>

食材（2人份）

蕨餅粉 ⋯⋯⋯⋯80g　　砂糖 ⋯⋯⋯⋯ 35g

黃豆粉 ⋯⋯⋯⋯ 適量　　水 ⋯⋯⋯⋯ 35g

沖繩黑糖 ⋯⋯⋯ 35g

做法

1　將黑糖、砂糖與水放入鍋中，開火燒煮，如有浮末則撈除，只要糖溶化即可熄火，即為黑糖蜜。(a)

2　蕨餅粉按包裝指示之比例於鍋中調好粉、水與糖。

3　放到火爐上，開火後，以木匙一邊煮一邊攪拌，直至透明。(b)

4　備一盆冷開水，以湯匙取出，將蕨餅放入冷水中。(c)

5　撈出瀝乾放入盤中，撒黃豆粉，與黑糖蜜一起食用。

竹籠便當
お弁当

昆布絲飯糰 とろろ昆布おにぎり

食材

白飯
（依個人手形大小抓取適當
的份量）

昆布絲

調味料

鹽 .... 少許

做法

1 手放入水中，再沾鹽均勻搓揉，使鹽均勻分布於雙手，取白飯放在掌中，捏握成三角形 (a)

2 將昆布絲放在盤子上攤開，步驟 1 置於其上，以筷子將昆布絲均勻包上飯糰。(b)

塩鮭飯糰 鮭おにぎり

食材（2 個份）

白飯
（依個人手形大小抓取適當
的份量）

鹽鮭 70g

海苔 .... 1 片

調味料

鹽 .... 少許

做法

1 熱鍋倒油。放入鹽鮭魚煎熟取出，取掉魚皮和刺，搗碎。(a)

2 手放入水中，再沾鹽均勻搓揉，使鹽均勻分布於雙手，取白飯放在掌中，於中心放入一點鹽鮭魚。(b)

3 捏握成三角形，將海苔剪成適當的寬度，圍裹飯糰一圈，上部放上一點鹽鮭魚即完成。(c)

漬茄子飯糰 なす漬物おにぎり

食材（2 個份）

白飯
（依個人手形大小抓取適當
的份量）

漬茄子 15g

白芝麻 ...... 1/4 小匙

紫蘇葉 .... 4 片

調味料

鹽 .... 少許

做法

1 將漬茄子切細丁，和白芝麻混拌均勻，再放入白飯混拌。(a)

2 手放入水中，再沾鹽搓揉，使鹽均勻分布於雙手，取白飯放在掌中，捏握成三角形。(b)

3 飯糰前後各包上 1 片紫蘇葉即完成。(c)

138

南瓜煮物 <u>かぼちゃ煮付け</u>

食材（2人份）

南瓜 ⋯⋯⋯⋯ 420g

調味料

水 ⋯⋯⋯⋯⋯ 80ml
清酒 ⋯⋯⋯⋯ 80ml
淡口醬油 ⋯ 1大匙
糖 ⋯⋯⋯⋯⋯ 5g

做法

1 南瓜切長角塊，邊削圓。(a)

2 鍋中放入水與酒（1：1）、南瓜，開火後，先煮至略滾。

3 再加入醬油，搖鍋子使調味料均勻後再加入糖。(b)

4 滾後轉小火，蓋上以烘焙紙做的蓋子（詳細做法請參閱 P28）或木蓋，煮軟後靜置即完成。

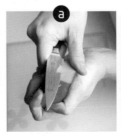

滷昆布 塩こんぶ

食材

泡過水或
煮過高湯之昆布 50g
生山椒 ───── 1 小匙

調味料

清酒 ───────── 55ml
糖 ──────────── 2 小匙
淡口醬油 ─────1 大匙

做法

1 昆布放入鍋中，加入酒，開火。

2 先放一半份量的糖，再加醬油，以小火煮。

3 湯汁煮至較少時，以木匙拌炒，一邊炒一邊加入糖。

4 起鍋前，加入生山椒，再拌炒 1~2 分鐘後，取出剪成小
片即可盛盤。

> **Point**
> 做滷昆布的食材以厚
> 片昆布為佳。

梅醬拌山藥小黃瓜 たたききゅうりと山芋の梅肉和え

食材

日本醃梅子⋯⋯ 1 顆
山藥⋯⋯⋯⋯⋯ 45g
小黃瓜⋯⋯⋯⋯ 30g

調味料

鹽⋯⋯⋯⋯⋯⋯⋯ 少許
白醋⋯⋯⋯⋯⋯ 1 小匙
味醂⋯⋯⋯⋯⋯ 1 大匙
淡口醬油⋯ 1/2 小匙
紫蘇粉⋯⋯⋯⋯ 少許

做法

1 山藥去皮後先敲碎（製造粗糙的表面）切成略有厚度的短條狀。(a)

2 小黃瓜切段後，剖半後去籽，以棒子敲成兩半，加入鹽略抓後靜置。

3 調理碗內放入醋、味醂、醬油與梅子泥拌勻後，再放入山藥。

4 小黃瓜洗掉鹽份，瀝乾後放入與山藥拌勻後盛盤，撒上紫蘇粉即可。(b)

日式便當二三事

某一次與智子上料理課時，我們談及一些日本傳統的料理工具，話題講到日本手工編製的竹便當，我說起自己也有幾個手工竹編便當，當下，我提出下次上課時，想要了解適合竹編便當的菜色，於是，有了這一堂課。

最適合以竹編容器盛裝的料理就是飯糰，奇妙的竹子能讓飯糰的水份適當地蒸發，不使飯糰溼軟，卻又適時地保持飯糰本身應有的水份，不至於因失了水份而乾硬，這強大的功能在我聽來，像是高科技的 Gore-Tex 布料，既能抵擋寒風、卻又能散發體熱排汗，竹子界的 Gore-Tex 當屬這竹編便當了！

智子在做這便當時，說起最懷念在京都求學時，媽媽所做的便當中，有一個叫「おかか（讀音：o-ka-ka）」便當，おかか之意為柴魚片加醬油，她說小山媽媽為她所做的おかか便當，是先在便當最下層鋪好薄薄一層飯，細柴魚片與醬油拌好的おかか鋪在白飯上，再鋪一層飯，然後一層沾了醬油的海苔，再一層飯與おかか，沒想到，這麼簡單的一個便當讓智子懷念久久。我突然想起那有名的飲食漫畫中的「貓飯」，不就是おかか嗎？

後來，當我吃到小林爺爺做的おかか飯捲，也明白了那滋味何以讓人懷念，醬油是所有亞洲人的共通食材，所有吃著醬油長大的我們，都了解醬油如何在我們的口舌脾胃畫下如 DNA 不可抹滅的飲食基因，若然加上日本處處都有的柴魚片，難怪這是朝思暮想的家鄉之味！

牛肉蔬菜捲 牛肉の野菜巻き

食材

牛肉片（大片）⋯⋯⋯ 105g
四季豆⋯⋯⋯⋯⋯⋯⋯ 40g
胡蘿蔔 ⋯⋯⋯⋯⋯⋯⋯ 60g

調味料

清酒 ⋯⋯⋯⋯⋯⋯⋯⋯ 1 大匙
三溫糖或二砂 1/2 小匙
淡口醬油 ⋯⋯⋯⋯⋯ 1 小匙
鹽 ⋯⋯⋯⋯⋯⋯⋯⋯⋯ 少許
黑胡椒 ⋯⋯⋯⋯⋯⋯⋯ 少許

做法

1 胡蘿蔔切長條。

2 水滾後加入鹽，先煮胡蘿蔔，煮軟後再煮四季豆，撈出瀝乾。

3 牛肉攤平，撒少許鹽、胡椒，把胡蘿蔔與四季豆排入，將肉片捲起。(a)

4 平底鍋加熱，倒入少許油，肉捲封口朝下。(b)

5 放入酒，燜蓋約 1 分鐘，開蓋加入糖，再加入醬油。 (c)

6 煮至表面上色、牛肉熟透即完成。

蔥花玉子燒 ねぎとちりめんじゃこの卵焼き

食材

雞蛋 ………… 3 顆
蔥末 ………… 7g
吻仔魚 ……… 10g

調味料

鹽 …………… 少許
淡口醬油 1 小匙
日式高湯 …… 40ml

做法

請參閱 P42 的玉子燒做法。

海苔玉子燒 海苔巻き卵

食材

雞蛋 ………… 3 顆
海苔 ………… 2 片

調味料

鹽 …………… 少許
淡口醬油 1 小匙
日式高湯 …… 35ml

做法

將海苔剪成符合玉子燒鍋的尺寸。煎第
二層蛋液時放上海苔，其它步驟的玉子
燒做法請參閱 P42。

鈴木媽媽的
日日好味

鈴木 君代 Suzuki kimiyo	
1　職業　　　/　家庭主婦	
2　料理資歷　/　45 年　　3　現居地 /　名古屋市天白區	

68 歲（1945 年出生）

關於鈴木媽媽

23 歲結婚的鈴木媽媽，在結婚後才進入廚房做菜，剛結婚時還到當時很新潮的廚藝教室上過課，那時學的是中式料理，當時喜歡的料理是青椒牛肉、糖醋排骨等日本人喜愛的中式菜色；因為鈴木家的照相館與住家在一起，在看顧店舖的同時，也需要料理一家人的三餐，所以練就快速料理法，Akari 說起小時候的事，早上悠悠轉醒又快遲到，才想起當天戶外教學需要帶便當，鈴木媽媽在做完早餐之後，以十五分鐘的時間為她做出了便當；雖然剛結婚時喜歡中式料理，但現在最喜歡的是法式麵包，如法國長棍或吐司等，因為喜愛麵包，所以也連帶喜歡漢堡排，如果是剛做好的漢堡排夾入她喜愛的麵包種類，那才是「最高（さいこう）（讀音：Sai-kou）」！[6]

---

[6]
日文的「最高」為最棒、最好之意。

鈴木媽媽眼中的 Joyce

Joyce 說想要跟我學做菜，實在覺得很不好意思，這些都是平常上桌不是很正式的菜，而她已經是料理老師也出書了，我想我的菜對她來說太簡單了。跟 Joyce 一起做菜時，覺得她說話很溫柔（作者按：那是因為我不太會說日文），喜歡她的體貼，最後想講的是，不論將來如何變化，我希望 Joyce 能快樂地過自己想過的生活、做自己喜歡的事，最後，請永遠當我可愛的女兒吧！

我在日本的媽媽，
總是以料理溫暖
因旅途疲憊的心。

那是還很冷的三月初，清晨，我要離開名古屋到東京，鈴木媽媽不同平日，做了一份大早餐，因為我平日起得晚，只有這天因為要搭新幹線才早起，其它日子，お母さん讓我睡到近中午才一起做飯；端來的煎蛋捲上，她特別畫出心形，還有我愛吃的小岩井優格與 Maison Kayser 可頌、慣常喝的 Latte 咖啡。當行李搬到車上時，偶一回頭，發現她拭淚 …… お母さん對我一如女兒，我以英文加生澀日文告訴她，妳是我在日本的媽媽，她頻點頭，說：「妳是我在台灣的女兒。」

鈴木媽媽，我喊她「お母さん[7]」，是的！她對我而言就是「母親」！是我在日本的媽媽。

到訪名古屋多次，但市區的熱鬧購物區與我無緣，我總不清楚名古屋市區有什麼特別的美味餐廳、廚房雜貨、百貨公司，不論從機場或名古屋車站哪一個方向，我只知道一條路線，只有一個目的地，拉著行李箱搭車到離

[7]
お母さん，讀音 O-Ka-San，日文的媽媽之意。

鈴木媽媽家最近的地鐵站，然後給計程車司機地址，不消十分鐘就到了；對司機而言，我是一個奇怪的觀光客，下車的地點是郊外的住宅區，不是洽商也不是觀光，僅能英文溝通，何以到郊區呢？一次，司機確認我下車的地點對不對，我理所當然地點頭，那是一間已經不再營業的照相館，他替我把行李箱拿出，再確認一次，我以日文回答他：「沒問題的！」

我熟門熟路先按電鈴，但不等人開門，就逕自推開相館的玻璃門，這時鈴木媽媽從住家的門出來，我們互相喊「お母さん」、「Joyce」，擁抱久久；我的房間依舊在三樓，お母さん鋪好新床單，冬天時，床旁放著暖爐，夏天則放了蚊香與電風扇，棉被也總有兩條，蓋暖和的或蓋涼快的，讓我自個兒調整；整頓好後，我悠悠然地過起

名古屋的小日子。

お母さん的小女兒 Akari（あかり）與我在加拿大時同住一間寄宿家庭，雖不是讀同一間學校，不過每個晚上，我們與寄宿家庭的媽媽一起做菜、聊天、用餐，彼此間有姊妹情誼，回台灣後，我們沒斷了聯繫，從第一次造訪在名古屋的鈴木家後，鈴木媽媽偶爾會向 Akari 問起我，有一次甚至買了禮物從日本寄來給我，當時我覺得她對我的關愛像一個長者，偶爾把我放在心上。在人生迷宕起伏的那段日子，我獨自關在自己的象牙塔，斷了與所有朋友的聯繫，再次與 Akari 聯絡時，已過了十年。

十年之後的日子，許多人以料理認識我，我的人生也因料理轉了方向；當我為了修習法式甜點住到日本東京

時，也想更進一步研修道地的日本家常菜，這時，鈴木媽媽的影像映入我腦海裡，啊！是的！我想起那段歲月……

1999~2000 年間，我常常到日本小旅行，如果到名古屋，一定住在鈴木媽媽家；有一次只是心情不好，臨時出走，我說飛就飛，Akari 要上班沒辦法陪我，所以只有我與鈴木媽媽在家，鈴木媽媽聽聞我的出走，不願讓我只是待在家裡，她一早告訴 Akari，說會帶我出去走走，當時鈴木照相館還營業著，她讓鈴木先生獨自照看店舖，打電話給一位會開車的朋友，兩位媽媽不會英文，我不會日文，我們比手劃腳、浩浩蕩蕩地上路，兩位媽媽準備了好多零食、茶水等，讓我在路上可以吃喝，中途停在休息站，洗手間出來兩手濕淋淋[8]，鈴木媽媽遞上她的

手帕，等我擦乾後，她示意要我收下，好讓我往後的日本旅途有手帕可用。

我們的目的地是奈良，當時是初夏，遊客不多，兩位媽媽好像帶著自己的女兒，別的小孩有什麼，我便也有什麼，問我要不要護身符、教我參拜儀式、隨時要我擺好姿勢拍照等，東大寺內，一群小學生們正在戶外教學，大殿內有一根柱子，柱子下方有一小方洞，能通過小方洞的據說會在事業、愛情上得好運或得智慧，在一群小學生中，兩個媽媽推著我去排隊，然後兩個人等在洞口為我拍照，好糗的我排在小學生的隊伍內，幸好當時我的

8

日本的公共廁所內並無提供擦手紙，所以需要自備手帕或小手巾，近來在主要城市的公共廁所已經提供，不似以往的不便。

身材還能擠過那小方洞，沒被卡著。

媽媽們也帶我去奈良公園，進了公園，一些鹿跑近我，讓我又驚又喜，兩位媽媽見我開心，開車的伯母跑去買鹿餅，氣喘吁吁地交到我手上，她比了手勢，要我餵鹿，然後兩位媽媽又忙起來了，她們堪察地形後，選定一塊較平坦的草地，伯母與鈴木媽媽又鋪毯子，又拿便當飲料等，原來，出門前，她們做了好吃的飯糰與小菜，也都一起提了進來，每吃一個飯糰，我就驚呼，大聲地說著：「おいしい！」（好吃），飯糰內包的是醬菜，總共有四、五種不同口味的醬菜飯糰，另外還有幾道小菜，都穩妥妥地放在便當內的各個角落，熱水瓶裡有早上才泡好的茶，那是好幸福的一餐！開車的伯母並不認識我啊，當時的鈴木媽媽也與我見面沒幾次呢！為了我的出

走，她們費心張羅著。

那兩年的小旅行，與隔了十幾年的旅日腳步中，只要有機會經過，我便停留名古屋，有一次，日本好友知道我又將前往名古屋，特別 e-mail 給我名古屋的特色咖啡廳，我回覆她：「……非常謝謝，但我可能不會去，因為我住在郊外的鈴木家，平日足不出戶，也安於這樣的日子。……」是的，我的名古屋生活並不精彩，很平凡，永遠只停留一地，名古屋天白區的鈴木家，是我在日本的家，我的日本家庭生活很簡單，早睡晚起，中午與お母さん一起在廚房操作，午后，我們常各據餐桌的一方，お母さん練書法，我則是上網或是紀錄料理筆記，喜愛插花的お母さん，也曾在午后時間教我日式不知什麼流的插花，接近傍晚，我倚著後院旁的紙門，喝茶納涼發呆，

見我想打盹，お母さん便急著想鋪墊被在榻榻米上，晚餐繼續記下お母さんの家常味；以往對日文沒感覺的我跟著 Akari 一起叫「お母さん」，現在，「お母さん」這個名詞變為真實，越過語言的障礙，我就像鈴木媽媽天生的女兒般，Akari 笑鬧過我們兩個，說有時擔心她不在家居中翻譯，不知會有什麼問題，但她發現，一個破英文，一個破日文，居然能一起做料理、吃飯、溝通過生活；お母さん曾說，她的兩個女兒沒人學過她的料理，沒想到，鈴木家的味道傳承給了她的台灣女兒；悠悠的名古屋小日子，是我在忙碌東京外的日本生活，僅僅一般的平凡日子，像日常中的白開水，滋味清寡，卻是生命源頭的必需。

我時常想起奈良東大寺的野餐，那幾個飯糰，那樣地平凡，對任何日本人、在日本各地，是平凡的三角飯糰，卻也不平凡，就像對許多日本人來說，媽媽的飯糰是他們從小吃到大的心靈食物，東大寺的野餐飯糰，是我的日本母親為我捏的飯糰，佐以關心、搭配疼愛；後來，我才發現，原來，異鄉的飯糰也是我這異鄉遊子的想望。這幾年，我常跟人說，愈來愈喜歡日式家常菜，平日不花心思的隨便煮，總有不經意的日式家常菜在餐桌上，原來那些與這些日子的每一餐，早就進駐我心底，以我們常常視而不見、理所當然的親情方式被餵養，然後，或電光火石間、或午夜夢迴時，悄然輕扣心門。

英日文翻譯
鈴木 あかり
攝影
鈴木 あかり、Joyce

與鈴木媽媽的日常生活，午后遊逛滿開的梅園（名古屋市農業センターのしだれ梅園）。

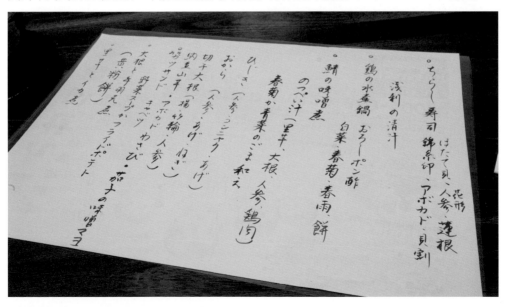

鈴木媽媽為我寫下的菜單，菜單是隨手寫在宣傳單的背面。

女兒節散壽司
ひな祭りのちらし寿司

蜆味噌湯
しじみの味噌汁

芝麻皇宮菜
つるむらさきの胡麻あえ

女兒節散壽司 ひな祭りのちらし寿司

食材

昆布	5g
米	2 杯
胡蘿蔔	15g
(切片後以櫻花模切割出形狀)	
蓮藕	50g
雞蛋	3 顆
酪梨	70g
鮭魚生魚片	180g
小豆苗	少許
(或蘿蔔嬰)	
白芝麻粒	適量

調味料

淡口醬油	1/2 小匙
綠芥末	少許
糖	27g
鹽	1/2 小匙
白醋	120ml
高湯醬油	1/2 小匙
柴魚昆布高湯	40ml

做法

1 昆布放入洗淨泡過的米，煮成昆布白飯。

2 將胡蘿蔔片放入小鍋中，以 30ml 的高湯與 1/4 小匙的高湯醬油，小火煮至入味。(a)

3 蓮藕去皮後切薄片（約 0.3~0.4cm 厚），如果太大片可以再對切，滾水燙過後泡於 60ml 的白醋和 2g 的糖中。(b)

4 雞蛋打散，加入 10ml 的高湯和 1/4 小匙的高湯醬油攪拌均勻，以平底鍋煎出 2~3 片蛋皮，放涼後切細絲。(c)

5 取出昆布飯中的昆布，切成細絲，昆布絲放入步驟 3 的醋水一起浸泡。此時，若胡蘿蔔已煮軟，取出放涼備用。(d)

6 取 60ml 的白醋、25g 的糖、1/2 小匙的鹽，放入小鍋煮至糖鹽溶化即完成醋汁。也可以直接使用 55ml 的市售壽司醋當成醋汁。

7 酪梨切片（或小塊），與淡口醬油、綠芥末拌勻。(e)

8 白飯倒入飯台，一邊倒醋汁，一邊切拌，醋汁分 2~3 次倒入，拌之後，放涼備用。(f)

9 依序將蛋絲、蓮藕片、胡蘿蔔、昆布絲、酪梨與鮭魚生魚片均勻鋪上醋飯，最後再以小豆苗與白芝麻裝飾即完成。

Point

木製飯台會吸收多餘水氣或醋汁，如果家裡沒有木製飯台，使用其它材質的調理容器製作醋飯，壽司醋可以減量至 45~50ml。

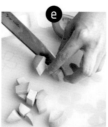

暖心的女兒節料理

3月3日,是日本的女兒節,家家戶戶有女兒的人家,會擺設女兒節人偶,為家中的女孩兒祈求健康幸福,日本有些地方的習俗是,人偶必須在3月4日就收起來,以避免家中的女孩嫁不出去,不過也有些地方倒不必如此,只要選好日子再收即可。女兒節人偶一定有的是天皇與皇后,這是最基本的女兒節人偶,除了這兩個基本的人偶之外,還需要桃花、菱形年糕等擺飾,豪華的人偶最多有七層之多,有的是一代傳一代,也有隨著經濟情況,逐步添購第二層、第三層以上的人偶。

我再次到訪名古屋是女兒節過後一週,但早在二月底時,Akari 就留言給我,お母さん在擺設人偶時說著:「這要留到 Joyce 來看了之後才收!」因為我可也是她的女兒!讀了留言之後的心情難以形容,我也有了女兒節人偶

呢!喜悅之餘,想到お母さん視我為女兒的心情,沒有血緣關係的親情,是甜蜜也是沉重的牽絆。

女兒節必定要吃的料理是散壽司與貝類煮的湯;散壽司因其顏色繽紛,通常為節慶時所吃的料理,演變至今,成為女兒節必吃的料理,至於貝類(通常為蛤蜊,或蜆或其它貝類也可以)所煮的湯也有含意,貝類的兩片殼是一對的,代表日後找到好老公,有好的感情,也有一說是因為貝殼總是緊閉,代表女孩的貞潔。

女兒節壽司飯中的各種食材多為日本春天的食材,在台灣做散壽司不必拘泥一定要用什麼特定的食材,只要記得幾個重點,使用根莖類食物如蓮藕、胡蘿蔔等,都是需要先處理,如蓮藕浸漬於醋汁中,胡蘿蔔於調味高湯中

先煮過，生鮮食材如鮭魚卵、生魚片可直接使用，黃色的食材通常使用蛋絲，綠色的食材則可用春天特有的青花筍或油菜花（或其它季節蔬菜），也先於調味高湯中煮過即可。三月初，我到名古屋鈴木媽媽家的第一頓晚餐就是應景的散壽司飯，原本，以為這是費時間與功夫的料理，沒想到，お母さん的手腳之快，全部只花半小時就完成了。

雖然到名古屋時已過了女兒節多日，但鈴木媽媽依然留著女兒節人偶等著我到訪，說這是特別留給我的。

芝麻皇宮菜 つるむらさきの胡麻あえ

食材

皇宮菜 ┈┈┈┈ 130g
磨碎白芝麻 ┈┈ 適量

調味料

濃口醬油 1/2 大匙

做法

1 皇宮菜洗淨後，以滾水燙過，取出過冷水後，擠乾水份，切段。(a)

2 放入調理碗中，加入濃口醬油拌勻。

3 靜置 10 分鐘後，再以手擠出多餘水份。(b)

4 盛盤後撒上磨碎白芝麻。

Point
冬季時，可將皇宮菜替換成應時的菠菜，也很美味喔！

蜆味噌湯 <u>しじみ の 味噌汁</u>

食材

蜆 ……………… 100g
柴魚昆布高湯 … 350ml

調味料

八丁味噌1 又 1/2 大匙

做法

1 將蜆以鬃刷洗淨入鍋，加入高湯，開火煮滾，烹煮途中如產生浮末即撈除。(a)

2 將八丁味噌以濾網溶入湯汁中即完成。(b)

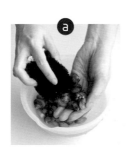

160

塩昆布炒蛋
塩昆布入りいりたまご

山薬納豆
山芋納豆

豬肉味噌湯
豚汁

香草魚片佐芥末美乃滋
白身魚のムニエル芥子マヨネーズ添え

香草魚片佐芥末美乃滋
白身魚のムニエル芥子マヨネーズ添え

食材

鯛魚片 ──── 400g
蘆筍 ──── 30g（5支）
麵粉 ──── 適量
培根 ──── 30g
馬鈴薯（小）100g
生菜 ──── 適量
番茄 ──── 2顆

調味料

綠芥末 ──── 1g
美乃滋 ──── 12g
香草鹽 ──── 少許
無鹽奶油 ── 適量

做法

1　馬鈴薯削皮放入滾水中煮至熟軟，取出對切半備用，以同一鍋水燙熟蘆筍。

2　培根放入鍋中煎出香氣與油脂，取出備用。(a)

3　魚片兩面撒上香草鹽調味後，再撒麵粉後，拍掉多餘麵粉，放入步驟2的鍋中煎至表面呈金黃色，取出備用。(b)

4　將步驟1的馬鈴薯切厚片後，放入步驟3的鍋內煎焦香，並放入無鹽奶油少許。(c)

5　將美乃滋與綠芥末調和成醬料。

6　將培根、馬鈴薯、魚排、蘆筍、生菜與番茄擺盤，醬料置旁即完成。

山藥納豆 山芋納豆

食材

日本山藥 ········· 70g
市售納豆（1 盒）45g
海苔絲 ········· 適量

調味料

濃口醬油　1/4 小匙

做法

1 將納豆放入調理碗中略拌。

2 山藥切粗末（或以鬼竹磨碎）也放入碗中。(a)

3 放入納豆所附的黃芥末與醬油調味。

4 再倒入濃口醬油調味拌勻，灑上海苔絲即完成。(b)

塩昆布炒蛋 塩昆布入りいりたまご

食材

雞蛋 ············ 2 顆
蔥綠 ············ 2 支
鹽昆布絲 ······· 5g
酪梨 ············ 適量

做法

1 蔥綠斜切絲放入打散的蛋，拌勻。(a)

2 放入鹽昆布略拌勻。

3 鍋倒油燒熱後，入鍋翻炒至蛋滑嫩即起鍋。(b)

4 切塊酪梨與昆布蛋一起盛盤即完成。

豬肉味噌湯 豚汁

食材

豬梅花肉片 ———— 75g
小芋頭 ——————— 35g
白蘿蔔 ——————— 50g
胡蘿蔔 ——————— 30g
大蔥 ————————— 25g
牛蒡 ————————— 20g
油豆腐皮 ————— 20g
柴魚昆布高湯 500ml

調味料

八丁味噌 ——— 2 大匙

做法

1 牛蒡以鬃刷刷洗外皮，縱切成 4 等份後，以削鉛筆的方
式削出薄片。(a)

2 小芋頭去皮切滾刀小塊，胡蘿蔔切片（約 1cm 厚），白
蘿蔔切長方條狀（約 1cm 厚）。(b)

3 油豆腐皮燙過後切小條。大蔥斜切片。

4 將白蘿蔔和胡蘿蔔放入鍋中，再放入高湯烹煮 7~8 分鐘
後，續入牛蒡和小芋頭煮 10 分鐘。

5 放入大蔥煮 5 分鐘，再放入豬肉片和油豆腐皮煮約 6~8
分鐘。

6 以濾網在湯中溶化味噌後，再煮約 2 分鐘即完成。

Point

八丁味噌也可以替換
成白味噌喔！

嫩海帶芽醋物
わかめの酢の物

納豆秋葵
オクラ納豆

牡蠣味噌鍋
牡蠣の土手鍋

牡蠣味噌鍋 牡蠣の土手鍋

食材（2 人份）

牡蠣 ·················· 250g
金針菇 ·············· 55g
白菜 ·················· 185g
長蔥 ·················· 40g
昆布水 ··········· 440ml
（或昆布高湯）

調味料

八丁味噌 ········· 25g
白味噌 ·············· 25g
味醂 ················· 10ml
清酒 ················· 10ml

做法

1 砂鍋內放入昆布水煮滾，以濾網溶解放入味噌。

2 放入味醂與清酒後，續入斜切 1.5cm 寬的長蔥。

3 略煮後，放入金針菇與切 2cm 寬的白菜，煮至熟軟。(a)

4 放入牡蠣煮 20~30 秒，以筷子攪拌即完成。(b)

納豆秋葵 オクラ納豆

食材

市售納豆⋯⋯⋯1 盒
秋葵 ⋯⋯⋯⋯⋯⋯ 80g
柴魚片碎末　少許

調味料

濃口醬油 1/2 小匙
糖 ⋯⋯⋯ 1/4 小匙

做法

1 秋葵以鹽搓揉後，頭部削淨（詳細做法請參閱 P24），
   放入滾水中汆燙，取出沖涼備用。(a)

2 取出納豆放在砧板上，以刀略切。(b)

3 秋葵切 0.8cm 的薄片。

4 納豆與秋葵放入調理碗中，加入市售納豆所附的黃芥末
   與醬油，再加濃口醬油與糖，混拌均勻，最後放入柴魚
   片碎末拌勻即完成。

172

嫩海帶芽醋物 わかめの酢の物

食材（2人份）

乾燥海帶芽 ────── 7g

茗荷 半顆（約 10g）

調味料

白醋 ──────────── 35ml

糖 ───────────── 5g

白醬油 ────── 1/2 小匙

（或淡口醬油）

Point

如果想要快速泡軟海
帶芽，可使用溫水泡，
至少 5 分鐘，再瀝乾
放涼備用。

做法

1 乾燥海帶芽泡水至軟後，取出擠乾水份，略切幾刀。(a)

2 茗荷切細絲。(b)

3 取糖與白醬油放入白醋中，拌至糖溶化。

4 海帶芽與醋汁拌勻，盛盤，放上茗荷絲即完成。

餐桌上的道道料理，都是鈴木媽媽的愛，我與 Akari 一起當幸福的女兒。

胡蘿蔔油豆腐丼炒豆渣
卯の花

涼拌三葉草
三つ葉のおひたし

油豆腐皮八丁味噌湯
油揚げの八丁味噌汁

烏賊芋頭煮物
いかと里芋の煮っころがし

烏賊芋頭煮物 いかと里芋の煮っころがし

食材（1~2人份）

烏賊 ———————— 100g
小芋頭 ——————— 100g

調味料

柴魚昆布高湯205ml
味醂 ———————— 1 大匙
淡口醬油 ————— 1 大匙
糖 —————————— 1 大匙
清酒 ———————— 1 大匙

做法

1　小芋頭削皮，切比一口大小略大的塊狀，泡在水中備用避免氧化。

2　小芋頭放入鍋中，加入水至蓋過芋頭即可，開火煮 5 分鐘後，撈出以冷水沖洗備用。

3　烏賊洗淨，切 1.5cm 寬的粗圈備用。(a)

4　將小芋頭放入鍋子，加入高湯，蓋過小芋頭即可，開火燒煮。

5　煮滾後放入烏賊，蓋上鍋蓋，以小火燉煮 15 分鐘。

6　放入糖、溶化後放入味醂、醬油、酒，搖動鍋子使調味料均勻。

7　烘焙紙（詳細做法請參閱 P28）緊貼在食材上，以小火燉煮約 15 分鐘。(b)

8　關火後，在室溫下降溫，降溫過程會更入味，上菜前，開火加熱即可。

涼拌三葉草 <u>三つ葉のおひたし</u>

食材

三葉草 ┄ (2 把) 25g
金針菇 ┄┄┄┄┄ 50g

調味料

濃口醬油 ┄ 1/2 小匙
高湯醬油 ┄┄ 1 小匙
糖 ┄┄┄┄┄┄ 1/4 小匙
清酒 ┄┄┄┄┄ 1/4 小匙
磨碎白芝麻 ┄┄ 適量

做法

1 三葉草 2 把，洗淨後分切成 3 等份，放入滾水中燙熟。
  金針菇切除根部後對半切，也放入滾水燙至軟。

2 燙過的三葉草與金針菇都過冷水，使之不再加熱。

3 放入調理碗中以濃口醬油調味，靜置約 10 分鐘，期間
  翻拌一次。

4 取出以手擠乾水份，備用。(a)

5 高湯醬油中放入糖與酒，拌勻至糖溶化，再與步驟 4 拌
  勻。(b)

6 盛盤後撒上白芝麻即完成。

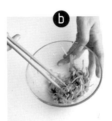

油豆腐皮八丁味噌湯 <u>油揚げのハ丁味噌汁</u>

食材

泡過水的海帶芽 10g
油豆腐皮 ┄┄┄┄ 15g
大蔥(蔥白) ┄┄ 15g
柴魚昆布高湯250ml
(或日式高湯)

調味料

八丁味噌 ┄┄┄ 1 大匙

做法

1 油豆腐皮以滾水燙過，切長條；大蔥斜切刀（約 0.7cm
  寬）。(a)

2 大蔥、油豆腐皮依序放入高湯，煮滾。

3 以濾網在湯中溶化味噌後，再煮約 2 分鐘即完成，熄火，
  放入海帶芽即完成。(b)

胡蘿蔔油豆腐拌炒豆渣 卯の花

食材

胡蘿蔔 ……… 25g
油豆腐皮 ……… 50g
豆渣 ……… 100g
蔥 ……… 2 支

調味料

高湯醬油 ─ 4 小匙
糖 ……… 1 小匙
清酒 ……… 1 小匙

Point
豆渣為製作豆腐剩下
的副產品，日系超市
可購得。

做法

1 胡蘿蔔切絲（約 0.7cm 寬），油豆腐皮以滾水燙過後切長條（約 0.5cm 寬），蔥斜切片。(a)

2 熱鍋後倒入 1/2 大匙的油，放入胡蘿蔔絲翻炒，再放入蔥續炒。

3 放入油豆腐皮翻炒後，以 2 小匙高湯醬油調味，再加入 70ml 的水。

4 蓋上鍋蓋，小火煮約 6 分鐘，盛出後，湯汁另濾出備用。(b)

5 另熱鍋倒 1/2 大匙的油，倒入豆渣，轉中小火以筷子拌炒，加入步驟 4 的湯汁。結塊的豆渣，以筷子撥散。(c)

6 豆渣拌炒後，加入糖，略炒後，加入酒與 2 小匙的高湯醬油，以筷子炒至略乾。(d)

7 放入之前的胡蘿蔔炒料，持續拌炒，如味道不夠則再以高湯醬油調味，炒至乾爽略有一點水份即可，最後加上蔥綠。

中部地區料理的特色

鈴木媽媽出生與居住都在名古屋，名古屋地區料理的最大不同與特色是味噌，既不是用關西的白味噌，也不是關東的田舍味噌，而是味道重、顏色深的八丁味噌，八丁味噌是僅以黃豆發酵，無加入米麴或麥麴，再加上長期熟成，所以甜味與香氣與其它味噌不同。

在名古屋地區的餐廳吃飯的話，味噌湯多是以八丁味噌調味，鈴木媽媽的味噌湯主要也是以八丁味噌調味，但鈴木媽媽表示，自己平常做的菜比較傾向關西的味道，也就是「淡味」，淡味料理強調食材的原味，所以在調味上較清淡，比較傾向關西（大阪、京都一帶）地區的調味，因為如此，平日家裡常備的味噌除了名古屋地區的八丁味噌，也有京都白味噌。鈴木媽媽所使用的醬油多為關東地區慣用的濃口醬油，但在調味上卻非名古屋傳統的厚味，而是關西的淡味。

名古屋不屬於關東或關西，在地理上是中央區，中央區以名古屋為中心向外發展，中央區的食材或調味料傾向取材兩地，如果說，關西地區人家，廚房內的醬油有淡口醬油與濃口醬油，關東的廚房只有濃口醬油，那麼，

可以在名古屋的廚房見到所有各式各樣的醬油，其中，從名古屋發明出來的醬油為白醬油，名古屋人也愛用溜醬油甚於其它地區，從調味料與實際研究來看，名古屋料理重甜味與濃郁風味，其道地的濃厚味道更甚於關東。

名古屋早期養雞行業興盛，最有名的食材是名古屋地雞及其雞蛋，名古屋之外，雞蛋較容易在東京、大阪等大城市的超市買到，但也不是太多，如果是名古屋雞，則幾乎只能在名古屋品嚐到，名古屋地雞是日本原生土雞中最早發展的品牌，明治初期，名古屋土雞與中國九斤黃土雞交配而得名古屋地雞，但後來因為肉雞便宜，大眾棄昂貴的名古屋地雞，導致漸漸消失於市面上，一直到 1970 年代，日本又開始追求食材的品質而恢復飼養名古屋地雞。

如果到名古屋旅遊，可不要錯過所謂的「名古屋飯」（日文：名古屋めし、なごやめし，Nagoyamesi），1980 年後的泡沫經濟時期，為了推廣名古屋的料理，發明出此名詞，只要是名古屋特色的料理，均以「名古屋飯」推廣至全日本，「名古屋飯」有許多料理，如以八丁味噌所烹煮的烏龍麵味噌煮（味噌煮込みうどん，Misonikomi-Udon），這是將粗烏龍麵先煮至半熟，再移入有八丁味噌與高湯的砂鍋中，再加入魚板、大蔥、油豆腐皮等配料烹煮而成，連同砂鍋上桌，掀開鍋蓋，八丁味噌香氣撲鼻，熱湯滾滾，搭配粗條烏龍麵非常對味；有名的「名古屋飯」還有寬麵（きしめん，Kisimen）、藥味鰻魚飯（ひつまぶし，Hitsumabusi）、炸蝦天婦羅飯糰（天むす，Tenmusu）、味噌豬排飯（みそかつ丼，Misokatsudon）等。

茶碗蒸
茶碗蒸し

鹿尾菜煮物
(胡蘿蔔.油豆腐.蒟蒻.香菇)
ひじきの煮物

鯖魚味噌煮
鯖味噌煮

菠菜佐櫻花蝦
ほうれん草と桜えびのおひたし

鹿尾菜煮物
（胡蘿蔔.油豆腐.蒟蒻.香菇）ひじきの煮物

食材（2 人份）

乾燥鹿尾菜 ──────── 8g
胡蘿蔔 ──────── 20g
油豆腐皮 ──────── 15g
蒟蒻 ──────── 35g
泡過水的香菇 ──── 15g

調味料

芝麻油 ──────1/2 大匙
味醂 ──────── 1 小匙
濃口醬油 1 又 1/2 大匙
糖 ──────── 5g
柴魚昆布高湯 ──── 少許

做法

1 鹿尾菜與香菇分別泡水至軟。(a)

2 胡蘿蔔切絲，蒟蒻切粗絲（蒟蒻的前處理請參閱 P27），油豆腐皮以滾水燙過後也切絲，泡軟香菇切絲。

3 熱鍋後倒入芝麻油，再放入泡軟瀝乾的鹿尾菜翻炒。

4 步驟 2 的食材也放入一起拌炒，加入泡香菇和鹿尾菜的水。

5 維持中火，拌炒後蓋上鍋蓋，燒煮約 5 分鐘。

6 加入糖略炒後，放入味醂、醬油與少許高湯續炒，燒煮至收汁即完成。(b)

菠菜佐櫻花蝦 ほうれん草と桜えびのおひたし

食材

菠菜 ──────── 80g
新鮮櫻花蝦 ─── 25g

調味料

濃口醬油 ─────── 5ml
高湯醬油 ─────── 5ml
味醂 ──────── 3ml

做法

1 菠菜燙熟後擠乾水份，切段，以濃口醬油調味，拌勻備用。

2 新鮮櫻花蝦以滾水淋燙，瀝乾。(a)

3 菠菜擠乾水份與醬油，與櫻花蝦放入調理碗。

4 以高湯醬油與味醂調味即完成。(b)

鯖魚味噌煮 鯖味噌煮

食材

鯖魚 ⋯⋯⋯⋯ 150g
薑 ⋯⋯⋯⋯⋯ 15g
蔥 ⋯⋯⋯⋯⋯ 30g

調味料

八丁味噌 ⋯⋯ 10g
白味噌 ⋯⋯⋯ 15g
清酒 ⋯⋯⋯⋯ 2 大匙
糖 ⋯⋯⋯⋯⋯ 10g
昆布水 ⋯⋯⋯ 60ml

做法

1 薑切片，鯖魚表面劃十字刀，蔥切段。(a)

2 鍋中放昆布水、酒，滾後放入糖。

3 鯖魚放入鍋內，薑片與蔥段也放入，烘焙紙（詳細做法請參閱 P28）貼在食材表面，煮約 20~30 分鐘。(b)

4 八丁味噌溶於 50ml 的熱水中，倒入鍋內，再煮約 10 分鐘或入味即可。

茶碗蒸 茶碗蒸し

食材（2 人份）

乾香菇 ──────── 10g
雞蛋 ──────── 1 顆
去骨雞腿肉 ── 25g
三葉草 ──────── 1 根
魚板 ──────── 2 片

調味料

柴魚昆布高湯75ml
白醬油 ──── 1 小匙
清酒 ──────── 少許
鹽 ──────── 適量

做法

1 乾香菇泡軟後，切絲。

2 雞腿肉切一口大小，淋少許酒略搓揉。(a)

3 三葉草切段，魚板切片。

4 雞蛋打散後與高湯、10ml 的香菇水、鹽拌勻，以白醬油調味。

5 在杯中依序放入雞肉、香菇、三葉草、魚板後，再倒入蛋汁。

6 杯子覆蓋保鮮膜後，放入蒸鍋，中小火蒸約 10 分鐘，再燜 7~8 分鐘即完成。(b)

麻油小黃瓜
きゅうりのごま油和え

雞腿排佐馬鈴薯餅
鶏の照り焼ハッシュドポテト添え

涼拌豆腐
みょうが冷奴

湯龍鬚菜拌柴魚片
山菜の鰹節あえ

雞腿排佐馬鈴薯餅 <u>鶏の照り焼ハッシュドポテト添え</u>

食材

去骨雞腿 ──── 235g
馬鈴薯 ──── 110g

調味料

糖 ──── 1/2 小匙
鹽 ──── 少許
黑胡椒 ──── 少許
味醂 ──── 1 小匙
淡口醬油 ──── 1 大匙
無鹽奶油 ──── 少許
生魚片醬油 ── 1/2 大匙

做法

1 雞腿排較厚部分劃刀；馬鈴薯去皮切片後切絲。(a)

2 雞腿排撒鹽及黑胡椒後，雞皮朝下放入平底鍋。

3 另一鍋放入少許油，將馬鈴薯絲放入，圍攏成餅狀，兩面煎至金黃，以鹽和黑糊椒調味，起鍋前再放入奶油。(b)

4 雞腿兩面煎熟後，放入糖，搖鍋使糖略溶，放入15ml 的水、味醂、醬油，兩面翻煎使雞肉吃入醬汁。(c)

5 最後以生魚片醬油調味，放入奶油。盛盤後旁放置馬鈴薯餅。(d)

燙龍鬚菜丼柴魚片 <u>山菜の鰹節あえ</u>

食材

龍鬚菜 ──── 100g
柴魚片 ──── 適量
濃口醬油 ── 1 大匙

調味料

高湯醬油 1/2 小匙
味醂 ──── 1/4 小匙

做法

1 龍鬚菜切掉粗梗於滾水燙熟，取出過冷水後切段。(a)

2 擠乾水份，放入濃口醬油，拌勻後放置約 5~10 分鐘使之入味。

3 再擠乾龍鬚菜水份，以味醂及高湯醬油調味。

4 盛盤後放上柴魚片即完成。

涼拌豆腐 みょうが冷奴

食材

絹豆腐 ——— 200g
茗荷 ————— 半顆
吻仔魚 ——— 3 大匙

調味料

淡口醬油 —— 適量
（或濃口醬油）

做法

1 茗荷切絲或薄片。

2 將茗荷與吻仔魚放於豆腐上，再淋上醬油即完成。

Point

1. 這是道簡單的料理，簡單的料理一定要用好品質的食材才能凸顯
   出不凡的好味道，要做涼拌豆腐請一定要用有豆香味的好豆腐，
   不是那種大量製作的無香味豆腐。

2. 夏天時也可增添薑泥更夠味。

3. 這道料理若使用P15介紹的魯山人醬油，更能提升料理的美味度。

195

麻油小黃瓜 きゅうりのごま油和え

食材（2 人份）

小黃瓜 ────── 65g
白芝麻 ────── 少許

調味料

鹽 ─────── 適量
糖 ─────── 1/2 小匙
芝麻油 1 又 1/2 小匙

╭○○○○○○○○○○╮
Point
此處使用日本製深色
芝麻油（已焙煎過的
芝麻所榨出的油），
非太白胡麻油。
╰○○○○○○○○○○╯

做法

1 小黃瓜以鹽搓揉表面後再清洗。(a)

2 小黃瓜切段後，以刀背拍碎，勿拍太碎，切掉籽。(b)

3 放入碗中，加入糖，拌勻至糖溶化後再加入芝麻油。

4 盛盤後撒上少許白芝麻即完成。

196

醋拌透抽四季豆
いんげんとイカの和えもの

燉煮漢堡排
煮込みハンバーグ

吻仔魚玉子燒
ちりめんじゃこ卵焼き

燉煮漢堡排 煮込みハンバーグ

食材（2 人份）

牛絞肉 ··············· 190g
洋蔥 ················· 190g
較乾麵包 ············ 25g
（磨成粉後）

雞蛋 ················· 1 顆
牛奶 ················· 45g
市售燴牛肉塊 ········ 90g
水 ·················· 600ml
蘑菇 ················· 5 朵
胡蘿蔔 ·············· 100g
青花菜 ·············· 5 朵
小番茄 ·············· 2 顆
生菜沙拉 ············ 少許

調味料

鹽 ··················· 少許
黑胡椒 ·············· 少許
無鹽奶油 ············ 10g
糖 ··················· 5g

Point

以鑄鐵鍋燉煮時間較短，如以一般鍋子燉煮則時間加倍。

做法

1 麵包打成粉狀後，倒入牛奶拌勻。

2 起油鍋以中小火將洋蔥末（100g）炒至焦糖化（深黃色）。

3 焦糖洋蔥放至冷後，加入牛絞肉、步驟 1、雞蛋、鹽與黑胡椒，混拌均勻。(a)

4 將步驟 3 分成數等份做成漢堡排，肉團中間做出稍微凹陷的樣子。(b)

5 起油鍋，將漢堡排表面煎至金黃。(c)

6 另在燉鍋中，炒香洋蔥絲（90g）、胡蘿蔔塊，加入水 600ml 後放入燴牛肉塊。(d)

7 待燴牛肉塊完全溶解後放入漢堡排燉煮，小火燉約15 分鐘（鑄鐵鍋時間）。(e)

8 另起鍋以無鹽奶油（5g）炒香蘑菇後倒入燉鍋，再燉約 10 分鐘即可。

9 另備小鍋滾水，放入糖與奶油（5g），將青花菜放入燙熟，起鍋後撒少許鹽。

10 盛盤，漢堡排旁放青花菜、小番茄與生菜。

醋拌透抽四季豆 いんげんとイカの和えもの

食材

透抽 ………… 120g
四季豆 ……… 120g
大蒜 ………… 1 顆

調味料

黑醋 ……… 1 大匙
淡口醬油 … 1 小匙
糖 ………… 1/2 小匙
味醂 …… 1/2 小匙
鹽 ………… 少許

做法

1 小鍋中放入沙拉油，開中小火將蒜片煸香，蒜油倒入調理碗內，放涼備用。(a)

2 四季豆切段（約 5cm）；透抽切片，表面劃格子刀。(b)

3 起一鍋滾水加入鹽，將四季豆放入燙至熟軟後，撈出過冷水。

4 透抽再放入燙至約六、七分熟，撈出瀝乾。

5 蒜油（約 15~20g）中加入糖、黑醋、味醂與醬油，再與透抽、四季豆拌勻即完成。

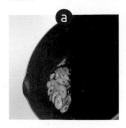

吻仔魚玉子燒 ちりめんじゃこ卵焼き

食材（2 人份）

雞蛋	4 顆
蔥末	30g
吻仔魚	30g

調味料

麵味露	5ml
水	50ml

做法

1 雞蛋打散與水、麵味露、蔥末混合均勻。

2 加熱玉子燒鍋，放入蛋汁後，鋪上 1/3 份量的吻仔魚，捲起煎蛋。(a)

3 放入第二次蛋汁與第三次蛋汁分別放入 1/3 份量吻仔魚（玉子燒詳細做法請參閱 P42）。

4 最後一次不需放吻仔魚，直接做成蛋捲即完成。

玩藝 0006

走進日本人的家，學做道地家常菜
─Joyce 老師 82 道暖心媽媽味，讓你一次搞懂關東、關西、中部的料理與文化

作　　　　者─郭靜黛（Joyce）
攝　　　　影─林永銘
封 面 設 計─Rika Su
內 頁 設 計─Rika Su
責 任 編 輯─簡子傑
責 任 企 劃─汪婷婷
董事長.總經理─趙政岷
總 編 輯─周湘琦
出 版 者─時報文化出版企業股份有限公司
　　　　　　10803 台北市和平西路三段二四〇號七樓
　　　　　　發 行 專 線─（〇二）二三〇六六八四二
　　　　　　讀者服務專線─〇八〇〇二三一七〇五
　　　　　　　　　　　　　（〇二）二三〇四七一〇三
　　　　　　讀者服務傳真─（〇二）二三〇四六八五八
　　　　　　郵　　　　撥─一九三四四七二四時報文化出版公司
　　　　　　信　　　　箱─台北郵政七九～九九信箱
時 報 悅 讀 網─http://www.readingtimes.com.tw
電 子 郵 件 信 箱─books@readingtimes.com.tw
時 報 出 版
風格線臉書─https://www.facebook.com/bookstyle2014
法 律 顧 問─理律法律事務所　陳長文律師、李念祖律師
印　　　　刷─詠豐印刷股份有限公司
初 版 一 刷─二〇一四年十月九日
初 版 六 刷─二〇一六年九月二十一日
定　　　　價─新台幣三五〇元

國家圖書館出版品預行編目資料

走進日本人的家，學做道地家常菜：Joyce老師82道暖心
媽媽味，讓你一次搞懂關東、關西、中部的料理與文化/
郭靜黛著. -- 初版. -- 臺北市：時報文化, 2014.10
　面；　公分
ISBN 978-957-13-6074-4（平裝）
1.食譜 2.日本
427.131　　　　　　　　　　　　　103017747

ISBN 978-957-13-6074-4　　　　Printed in Taiwan

特別感謝

ROYAL COPENHAGEN
PURVEYOR TO HER MAJESTY THE QUEEN OF DENMARK
皇家哥本哈根手繪名瓷

棕櫚家族 *Palmette Family*
西方餐瓷在地化的最佳代表作

承襲皇家哥本哈根的經典藍白瓷與精湛手繪工藝，輔以魚網紋理和鏡面留白傳遞出東方人最喜愛的「豐收圓滿」涵義，再針對中式飲食習慣與文化，特別設計的盤型與款式，讓東方料理擺在丹麥皇室御用餐瓷上，更顯精緻可口，宛如獨一無二的藝術品。

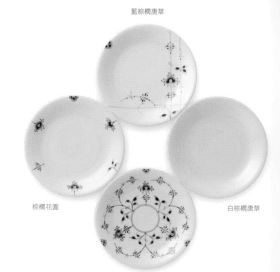

藍棕櫚唐草

棕櫚花園

白棕櫚唐草

棕櫚唐草10週年紀念款

善油心生

善待的心，油然而生

複方植物油的驚奇養分
會改變妳對保養品的慣性期待

護身油100 mL / 好朋油30 mL / 活膚油10 mL / 護唇油7mL

阿原原生保養系列新品上市